U0348112

雪茄烟叶
主要病害识别与绿色防控

张 崇 陈 勇 刘 鹤 主编

中国农业科学技术出版社

图书在版编目（CIP）数据

雪茄烟叶主要病害识别与绿色防控 / 张崇，陈勇，刘鹤主编. --北京：中国农业科学技术出版社，2023. 11
　　ISBN 978-7-5116-6498-3

　　Ⅰ. ①雪…　Ⅱ. ①张… ②陈… ③刘…　Ⅲ. ①烟草—病虫害防治　Ⅳ. ①S435.72

　　中国国家版本馆CIP数据核字（2023）第 198734 号

责任编辑　姚　欢
责任校对　王　彦
责任印制　姜义伟　王思文

出 版 者　中国农业科学技术出版社
　　　　　北京市中关村南大街 12 号　　邮编：100081
电　　话　（010）82106631（编辑室）　　（010）82106624（发行部）
　　　　　（010）82109709（读者服务部）
网　　址　https://castp.caas.cn
经 销 者　各地新华书店
印 刷 者　河北尚唐印刷包装有限公司
开　　本　170 mm×240 mm　1/16
印　　张　8.5
字　　数　200 千字
版　　次　2023 年 11 月第 1 版　　2023 年 11 月第 1 次印刷
定　　价　85.00 元

《雪茄烟叶主要病害识别与绿色防控》
编写委员会

主　　编：张　崇　陈　勇　刘　鹤

副 主 编：钟　秋　王　俊　李　斌　夏子豪

其他参编人员：（以姓氏笔画为序）

王　茜　王志平　向　欢　刘晓莹　刘倩雯

安梦楠　杨　炯　吴元华　邹宇航　张华述

张雅洁　赵秀香　赵雅卓　夏　博　徐传涛

雷云康　廖　琅

编写委员单位：沈阳农业大学

中国烟草总公司四川省烟草公司

前 言

当前，雪茄品鉴已受到了越来越多消费者的青睐，国内雪茄烟市场蓬勃发展，对雪茄烟叶优质原料的需求也日益增强。2020年，国产雪茄烟叶开发与应用重大专项启动，积极推动雪茄烟叶开发与生产，提升国产雪茄原料保障能力，推进国产雪茄烟的发展。四川、云南、湖北、海南、湖南等省份已经成为国内主要的雪茄烟叶生产基地，有些区域也已试种。然而，随着国内雪茄烟种植面积逐年扩大，连作烟田的增多，耕作制度及品种的变化，雪茄烟叶生产中的病害问题日益凸显，种类不断增多，危害也不断加大，已经成为制约优质雪茄烟叶生产的重要因素。

近年来，编者开展了雪茄烟病害调查和相关研究，结合国内外学者最新报道，发现烟草花叶病毒病、马铃薯Y病毒病、辣椒脉斑驳病毒病、黄瓜花叶病毒病等病毒病，赤星病、靶斑病、灰霉病、野火病、角斑病等叶斑类病害，青枯病、黑胫病、根腐病等根茎类病害，以及根结线虫病等病害已经在国内各雪茄烟产区有不同分布和危害，对烟叶产量和品质造成了重大影响。同时，由于雪茄烟和烤烟在种植区域布局上存在交叉，一些烤烟上的病害势必将成为雪茄烟叶生产上的潜在危害。

"十三五"以来，烟草病虫害绿色防控技术在烤烟病虫害防控实践中已经取得了许多重要成果并推广应用，鉴于雪茄烟的特性和特殊经济价值，以及国家关于烟叶绿色发展的相关要求，雪茄烟叶病虫害绿色防控将是优质雪茄烟叶

生产的必由之路。

　　本书以图文并茂的形式介绍了雪茄烟叶主要病害的发生症状、病原、流行规律和防治方法，以及病害绿色防控原理、措施及实践应用。在编写过程中，结合编者科研成果，并广泛搜集国内外相关研究文献，力求能对雪茄烟病害的识别和防控工作有一定的参考价值。本书内容翔实，文字通俗易懂，可作为广大雪茄烟叶科研人员、生产技术人员和烟农必备的工具书。

　　由于编者水平有限，疏漏和不足之处在所难免，敬请读者批评指正。

编　者

2023年9月

目　录

第一章

病毒病害

一、烟草花叶病毒病

【发生分布与危害】

烟草花叶病毒病是一种在全世界各植烟区普遍发生、局部地区严重流行的烟草病毒病害。该病害在我国各雪茄烟种植区广泛分布，多数主产区受害较重，田间发病率一般为5%～20%，是我国烟叶主要病毒病害之一。烟草幼苗期感染或大田初期感染，损失可达30%～50%，现蕾以后感染对产量影响不显著，但病叶经调制后颜色不均匀，内在品质显著下降。

【症状】

植株感病后，首先在新叶上出现明脉症状，即叶脉及邻近叶肉组织色泽变淡，呈半透明状，迎光可见病叶的大小叶脉十分清晰；出现明脉4～10 d后新叶上开始形成斑驳症状；叶片局部组织褪色，形成浓绿和浅绿相间的花叶症状。病叶边缘有时向背面卷曲，叶基不伸长。烟草花叶病毒病常见症状可分为下述类型（图1-1）。

［轻型花叶］感病植株只在叶片上形成黄绿相间的斑驳花叶，叶片基本不变形，但叶肉会出现明显变薄或厚薄不均的症状。

［重型花叶］感病植株叶片呈典型花叶，叶缘逐渐向下卷曲/皱缩扭曲，叶肉组织增大或增多，叶片薄厚不均，泡状突起多。早期感病植株矮化，生长停滞，叶片不展开，大多能正常开花结实，但种子发育不良。

［花叶灼斑］在典型花叶症状的植株上，中下部叶片出现大面积红褐色坏死斑。据分析，此症状与感病叶片受日灼危害有关，因此被称为花叶灼斑。烟草花叶病毒的个别株系在烟叶上形成系统花叶的同时，还可以在中下部叶片上产生环斑和白斑。

该病症状与烟草黄瓜花叶病毒病不同的是：该病的病叶边缘向下翻卷，叶基部不伸长，泡状突起多，茸毛不脱落，根系受影响不大；而黄瓜花叶病毒病常引起叶片边缘向上翻卷，叶基部常伸长，叶尖细长呈鼠尾状，叶片泡状突起少，茸毛稀少，常出现褐色闪电状坏死斑纹，根系受影响大。

轻型花叶（明脉）

图1-1　烟草花叶病毒病

重型花叶（泡状突起和叶片下卷）

花叶灼斑

图1-1 烟草花叶病毒病（续）

深绿浅绿斑驳

田间症状

图1-1　烟草花叶病毒病（续）

【病原】

烟草花叶病毒（tobacco mosaic virus，TMV），是烟草花叶病毒属（*Tobamovirus*）的代表成员。TMV在自然界存在很多株系，根据在烟草上的症状分为普通株系（TMV-C）、黄色花叶株系（TMV-YM）、环斑株系（TMV-RS）、番茄株系（TMV-Tom）等。

【发病时期】

烟草花叶病毒病自苗床期至大田成株期均可发生。移栽后20 d到现蕾期为发病高峰期，打顶后田间病株数量仍会呈上升趋势。

【自然寄主】

烟草花叶病毒的寄主范围很广，包括茄科、苋科、车前科、藜科、石竹科、豆科等36科350多种植物。

【侵染循环及传播途径】

［越冬和初侵染］TMV主要在病株残体、肥料和土壤等场所越冬，翌年与幼苗接触成为初侵染源；此外，其他作物寄主及野生寄主植物上的病毒也可成为初侵染源。

［传播和再侵染］病毒传播和再侵染主要靠汁液、机械摩擦和嫁接传播，不通过种子及昆虫介体传播，烟田中的蚜虫、粉虱等刺吸式口器的昆虫通常不传播TMV。苗床上烟苗病叶和健叶只要轻轻摩擦，造成叶肉或叶毛细胞的细微损伤，病毒即通过其微伤口侵入，而病毒并不能从大伤口及叶面自然孔口侵入。大田侵染源是病苗、土壤中残存的病毒及其他带毒的寄主，借助灌溉水、肥料、农事操作等进行传播也是再侵染的重要方式（图1-2）。

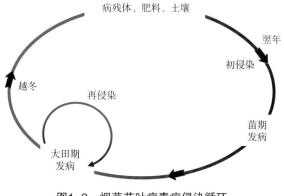

图1-2 烟草花叶病毒病侵染循环

【发病关键因素】

〔品种抗性〕不同类型及不同品种烟草对烟草花叶病毒病表现的抗性不同，目前没有发现对该病害免疫和高抗的雪茄烟品种。

〔气候因素〕由团棵期进入旺长期时遇到干旱热风，或突降冷雨容易引起烟草花叶病毒病的暴发流行。

〔耕作及栽培管理〕不注意烟田卫生是造成病害流行的重要原因。

〔营养情况〕烟叶营养水平对病害发生严重程度有很大影响，氮、磷和钾肥水平及锌、铝等微量元素水平对植株抗性均有重要影响。

【诊断要点】

（1）田间诊断：幼苗新叶上发生明脉，蔓延至整个叶片，形成黄绿相间的斑驳，几天后即形成花叶；病叶皱缩，薄厚不均，边缘下卷，泡状突起，叶基不伸长；烟株节间缩短、植株矮化；成熟植株感病后，只在顶叶及杈叶上表现花叶。

（2）电镜观察：病毒粒体直杆状，约300 nm×18 nm。

（3）血清学检测：利用酶联免疫吸附试验（ELISA）方法进行检测。

（4）分子生物学检测：提取病株叶片总RNA，用TMV特异性引物进行RT-PCR扩增检测，根据获得的目的条带，经克隆测序比对后，在分子水平确定该病毒。

【防控方法】

（1）选用抗病品种。

（2）培育壮苗，剔除病苗。

（3）加强栽培管理：合理轮作，合理施肥。烟田前茬及周围严禁种植茄科、十字花科、葫芦科等蔬菜作物；铲除育苗棚四周杂草；采收后，清除烟秆等病残体。育苗棚内禁止吸烟，移苗时做好手和工具消毒，烟苗叶片喷施脱脂奶粉和磷酸钠（抑传灵）可有效阻断病毒经农事操作的传播。

（4）药剂防控：育苗盘用2%次氯酸钠溶液、0.5%硫酸铜水溶液、2%二氧化氯或20%辛菌胺水剂浸泡消毒2 h后，再用清水冲洗干净；大田期田间操作前喷施抗病毒剂，如8%宁南霉素水剂、1%香菇多糖水剂、2%氨基寡糖素水剂等。还可喷施氨基酸类叶面肥或磷酸二氢钾，缓解病毒病症状，减少损失。

二、烟草黄瓜花叶病毒病

【发生分布与危害】

烟草黄瓜花叶病毒病是我国雪茄烟叶主要病毒病害之一。烟草黄瓜花叶病毒在烟田主要靠蚜虫传播，随着蚜虫的迁飞而流行，因此发病流行速度快，一般年份造成的损失率为20%～30%，重病年份达50%以上，甚至绝产。该病害常与其他烟草病毒病混合发生，加重危害，是烟叶生产上非常重要的限制因子之一。

【症状】

发病初期表现明脉症状，后逐渐在新叶上出现花叶，病叶变窄，伸直呈拉紧状，叶表面茸毛稀少，失去光泽；有的病叶粗糙、发脆，如革质，叶基部常伸长，两侧叶肉组织变窄变薄，甚至完全消失；叶尖细长，有些病叶边缘向上翻卷。烟草黄瓜花叶病毒病也能引起烟草叶面形成黄绿相间的斑驳或深黄色疱斑，但不如烟草花叶病毒病引起的多而典型。在中下部叶片上常出现沿主侧脉的褐色坏死斑，或沿叶脉出现对称的深褐色的闪电状坏死斑纹。染病植株随发病早晚也有不同程度矮化，根系发育不良。遇干旱天气、阳光暴晒，极易引起花叶灼斑的症状（图1-3）。

花叶、叶片上卷、叶基伸长

图1-3 烟草黄瓜花叶病毒病

鼠尾叶　　　　　　　　　　　　闪电状坏死斑

图1-3　烟草黄瓜花叶病毒病（续）

【病原】

黄瓜花叶病毒（cucumber mosaic virus，CMV），属雀麦花叶病毒科（*Bromoviridae*）黄瓜花叶病毒属（*Cucumovirus*）。病毒为三分体基因组，包括3个RNA片段：RNA1、RNA2、RNA3。根据血清学和基因组序列差异，黄瓜花叶病毒可分为亚组Ⅰ和亚组Ⅱ，亚组Ⅰ在我国各主要植烟区广泛分布。亚组Ⅱ仅在云南部分植烟区发现存在普通株系（CMV-O）、黄斑株系（CMV-C）、豆科株系（CMV-LE）等多个株系。

【发病时期】

烟草整个生育期均可发生黄瓜花叶病毒病，苗床期即可感染，移栽后开始发病，旺长期为发病高峰。

【自然寄主】

黄瓜花叶病毒的寄主范围十分广泛，据不完全统计，我国已从38科120多种植物中分离到了黄瓜花叶病毒，包括常见的葫芦科、茄科、十字花科作物，以及泡桐、香蕉、玉米等农林作物，还有竹叶草、小酸浆等农田常见杂草。

【侵染循环及传播途径】

[越冬和初侵染] CMV和TMV的越冬场所不同，CMV的抗逆性较差，不能在病株残体中越冬，主要在越冬蔬菜、多年生树木及农田杂草中越冬。

[传播和再侵染] CMV主要靠蚜虫传播，也可以经汁液摩擦传播，未见种子传毒的报道。蚜传在病害流行中起决定性作用，据报道有70多种蚜虫可以传播这种病毒，以桃蚜为主。蚜虫传播CMV为非持久性传毒，蚜虫只需在病株上吸食1 min左右就可以获毒，在健株上吸食15～120 s就可以完成传毒过程。此外病害的扩散和加重也和机械传染如农事操作等有重要关系，而且蚜虫和农事操作也是CMV再侵染的主要途径。

【发病关键因素】

在与黄瓜、番茄等蔬菜地相邻的烟田且蚜虫较多时，发病较重。有翅蚜数量愈大，发生时间越早，则侵染次数越多，流行越广。据观察，在大田蚜虫进入迁飞高峰期后10 d左右，病害发生开始出现高峰。

此外，病害流行也与气温有很大关系。冬季及早春气温低，降水量大，越冬蚜虫数量少，早春活动晚，病害发生轻；反之较重。旺长期前后出现温度的较大波动，冷雨降温以及干热风，常导致黄瓜花叶病毒病的暴发流行（图1-4）。

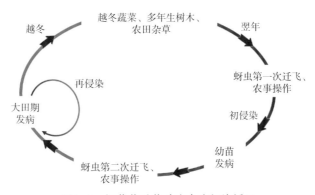

图1-4 烟草黄瓜花叶病毒病侵染循环

【诊断要点】

（1）田间诊断：叶面发暗、无光泽，明显花叶、斑驳、闪电状坏死斑；病叶常狭长上卷，叶肉组织变窄甚至消失，仅剩主脉，而呈鼠尾状；发病植株随发病早晚不同表现不同程度矮化，发育不良。

（2）电镜观察：病毒粒体为近球型二十面体，直径28～30 nm。

（3）血清学检测：利用ELISA方法进行检测。

（4）分子生物学检测：提取病株叶片总RNA，用CMV特异性引物进行RT-PCR扩增检测，根据获得的目的条带，经克隆测序比对后，在分子水平确定病原。

【防控方法】

（1）选用抗病品种。

（2）治蚜防病：蚜虫为CMV的传毒介体，要阻断病毒的虫传途径，育苗棚可用防虫网；采用银灰地膜覆盖栽培，或用铝箔纸避蚜，即在栽烟后把50 cm宽的铝箔纸平铺在垄沟内，移栽40 d后撤去；还可悬挂铝膜带避蚜防病；田间插黄板，诱杀蚜虫。适时喷施杀虫剂，尤其是栽烟前应喷杀烟田附近的茄科作物及杂草上的蚜虫，避免有翅蚜迁飞传毒。

（3）药剂防控：可参考烟草花叶病毒病药剂防控方法。

三、烟草马铃薯Y病毒病

【发生分布与危害】

马铃薯Y病毒病，是我国雪茄烟产区主要病毒病害之一，目前各植烟区均有不同程度发生，尤其以烟草与马铃薯、蔬菜混种地区危害严重。此病害引起的损失因烟草生育期和病毒株系不同而异，在移栽后4周内感染马铃薯Y病毒脉坏死株系，可导致绝产绝收，若近采收期感染或感染弱毒株系，则减产相对较轻，一般损失25%～45%。马铃薯Y病毒病除引起产量损失外，更为严重的是病叶晾晒后外观和香味较差，其品质显著降低。

【症状】

烟草感染马铃薯Y病毒后，因品种和病毒株系的不同所表现的症状特点亦有明显差异，可分为下述类型（图1-5）。

［花叶］发病初期出现明脉，而后网脉间颜色变浅，形成系统斑驳。马铃薯Y病毒的普通株系常表现此类症状。

［脉坏死］病株叶脉变暗褐色到黑色坏死，有时坏死延伸至主脉和茎的韧

皮部，病株叶片呈浅黄褐色，根部发育不良，须根变褐且数量减少。在某些品种上表现病叶皱缩，向内弯曲，重病株枯死而失去晾晒价值。这种症状由马铃薯Y病毒的脉坏死株系所致。

[点刻条斑] 发病初期病叶先形成褪绿斑点，之后变成红褐色的坏死斑或条纹斑，叶片呈青铜色，多发生在植株上部2~3片叶，但有时整株发病。此症状由马铃薯Y病毒的点刻条斑株系所致。

[茎坏死] 病株茎部维管束组织和髓部呈褐色坏死，病株根系发育不良，变褐腐烂，由马铃薯Y病毒茎坏死株系所引起。

全株症状

图1-5 烟草马铃薯Y病毒病

花叶和明脉

主脉和支脉坏死

图1-5　烟草马铃薯Y病毒病（续）

点刻蚀纹   茎坏死

图1-5　烟草马铃薯Y病毒病（续）

【病原】

　　烟草马铃薯Y病毒病的病原为马铃薯Y病毒（potato virus Y，PVY），是马铃薯Y病毒科（*Potyviridae*）马铃薯Y病毒属（*Potyvirus*）的典型成员。PVY存在明显的株系分化现象。我国烟草上鉴定出4个株系，分别为普通株系（PVY-O）、脉坏死株系（PVY-N）、茎坏死株系（PVY-SN）和点刻条斑株系（PVY-C）。

【发病时期】

　　马铃薯Y病毒病自烟草苗期到成株期均可发病，但以大田成株期发病为主。

【自然寄主】

　　PVY寄主范围很广，能侵染34属170余种植物，以茄科植物为主，在我国严重危害马铃薯、番茄、辣椒等作物，其次是藜科和豆科植物。

【侵染循环及传播途径】

　　［越冬和初侵染］PVY一般在农田杂草、马铃薯块茎及周年栽植的茄科作物（番茄、辣椒等）上越冬，温暖地区多年生杂草也是PVY的重要寄主，这些是病害初侵染的主要毒源。

　　［传播和再侵染］PVY主要靠蚜虫传播，是再侵染的重要途径，其中桃蚜

是PVY的重要传播介体，棉蚜也能有效传播。另外许多过路蚜虫如马铃薯长管蚜、豌豆蚜等也能传播PVY。

蚜虫传播PVY为非持久性传播，传毒效率与蚜虫种类、病毒株系、寄主状况和环境因素有关。桃蚜取食5 s即可获毒，10 s就能将病毒传播到健康植物上，病毒在未取食的蚜虫体内可存活8 h，在取食的蚜虫或试吸的蚜虫体内最多存活2 h。

PVY也易通过汁液摩擦传染，是传染力较强的病毒之一，病叶和健叶只摩擦几下，叶片上的茸毛稍有损伤，就有可能传染病毒。因此病株也成为病毒再侵染的又一个重要来源。另外，农事操作也可传播病毒。目前尚未证实PVY可经种子传播（图1-6）。

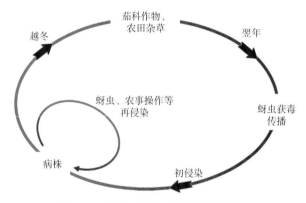

图1-6 烟草马铃薯Y病毒病侵染循环

【发病关键因素】

［蚜虫活动］有翅蚜在烟株整个生长季都可在烟田活动。蚜虫喜欢在温暖、微风、低湿度的天气飞行，大风可使蚜虫吹至数千米之外，因而将病毒传播更远距离。

温暖的冬季使蚜虫存活数量大，早春温度高，桃蚜活动早，比晚活动的桃蚜更可能携带病毒，从而增加传毒的机会。

［温度、湿度］温度、湿度对此病害有很大影响。如持续一段时间的高温（25～28℃）后突然降温下雨，寄主抵抗力降低，往往使病害症状加重。此外气温也直接影响蚜虫活动，低于15℃时蚜虫基本不活动，最高温度超过32℃时蚜虫活动减少或死亡。

［土壤环境］烟田处于低洼或遮阴的地块，症状也往往加重；土质瘠薄、

板结、黏重以及排水不良的田块发生也较重。连作烟田发生重，连作年限越多，发病越重。

［病毒复合侵染］PVY常和烟草其他病毒复合侵染，症状复杂，难以辨认。

TMV和PVY混合侵染，表现严重的花叶疱斑及叶片畸形，尤其是新生叶，几乎停止生长；若PVY和CMV复合侵染，在表现花叶的同时，脉坏死症状也十分明显；PVY和马铃薯X病毒（PVX）混合侵染也能起协同作用，症状加重。

【诊断要点】

（1）田间诊断：常见症状如下。

［花叶症］初期明脉，而后支脉间颜色变浅，形成系统斑驳。

［脉坏死症］叶脉变暗褐色坏死，延伸至主脉和茎的韧皮部，叶片呈浅黄褐色，皱缩向内弯曲。

［褪绿斑点症］初期有褪绿斑，后变成红褐色的坏死斑或条纹斑。

［茎坏死症］茎部维管束组织和髓部呈褐色坏死，病株根系发育不良，变褐腐烂。

（2）电镜观察：病毒粒体呈微弯曲线状，大小为（680~900）nm×（11~12）nm。

（3）血清学检测：利用ELISA方法进行检测。

（4）分子生物学检测：提取病株叶片总RNA，用PVY特异性引物进行RT-PCR扩增检测，根据获得的目的条带，经克隆测序比对后，在分子水平确定病原。

【防控方法】

（1）种植抗病或耐病品种。

（2）加强苗床管理，培育无病壮苗。

（3）治蚜防病：蚜虫为PVY的传毒介体，要阻断病毒的虫传途径，具体方法可参考烟草黄瓜花叶病毒病。

（4）避免机械接触传染，具体参考烟草花叶病毒病。

（5）保持田间卫生，重病田至少两年不种植烟草，合理轮作和间作。

（6）药剂防控：在苗期和大田期使用5%氨基寡糖素或2%香菇多糖等诱抗剂提升烟株抗性，在团棵期和发病前期使用20%克Y特灵可湿性粉剂或8%宁南霉素水剂喷施叶面。

四、烟草脉带花叶病毒病

【发生分布与危害】

烟草脉带花叶病毒病以前在国内一直是次要病害，近年来在云南、四川、河南、山东等地的主产烟区的发病率呈上升趋势。烟草脉带花叶病毒病在雪茄烟种植区也经常发生，部分地块发病率可达20%，影响雪茄烟叶品质和产量；如果与PVY等复合侵染，造成的损失会更严重。

【症状】

典型症状是在叶脉两侧形成浓绿的带状花叶（图1-7）。病毒侵染烟草8 d后可在叶片上引起明脉症状，14 d后可引起典型的脉带花叶症状。有些株系的致病力较弱，不引起明显的脉带花叶症状。该病害在田间与马铃薯Y病毒病引起的花叶症状相似，因此在生产上常将该病害与马铃薯Y病毒病一起称为烟草脉斑病。

烟草脉带花叶病毒在普通烟、心叶烟、三生烟、本氏烟上表现脉带花叶症状，在番茄上表现斑驳症状，在洋酸浆、曼陀罗上表现花叶症状，在苋色藜和昆诺藜上形成枯斑，不侵染花生和油菜。

叶片症状

图1-7 烟草脉带花叶病毒病

全株症状

图1-7 烟草脉带花叶病毒病（续）

【病原】

烟草脉带花叶病毒病的病原为烟草脉带花叶病毒（tobacco vein banding mosaic virus，TVBMV），属于马铃薯Y病毒科（*Potyviridae*）马铃薯Y病毒属（*Potyvirus*）。根据TVBMV基因组序列可分为三组：中国云南分离物为一组，美国、日本和中国台湾分离物为一组，中国大陆其他地区分离物为一组。

【发病时期】

烟草脉带花叶病毒病自苗期到成株期均可发病。

【自然寄主】

TVBMV主要侵染烟草、番茄和马铃薯等茄科植物，其次是苋色藜和昆诺藜。

【侵染循环及传播途径】

TVBMV在周年种植的茄科植物或多年生杂草上越冬，主要由蚜虫以非持久方式传播，桃蚜、棉蚜、禾谷缢管蚜和麦二叉蚜等均可传播该病毒。发病植株可以作为再侵染源，由介体蚜虫传到其他烟株上持续危害。

【发病关键因素】

烟草脉带花叶病毒病的发生和蚜虫发生数量直接相关。如果田间有翅蚜发生量大，病害的发生就普遍，发生越早，危害越重。TVBMV和PVY病毒等复合侵染的危害超过病毒单独侵染。

【诊断要点】

（1）田间诊断：典型症状是在叶脉两侧形成浓绿的带状花叶，烟叶支脉明脉。

（2）电镜观察：病毒粒体呈微弯曲线状，大小为730 nm×（12～13）nm。

（3）血清学检测：利用ELISA方法进行检测。

（4）分子生物学检测：提取病株叶片总RNA，用TVBMV特异性引物进行RT-PCR扩增检测，根据获得的目的条带，经克隆测序比对后，在分子水平确定病原。

【防控方法】

（1）种植抗耐病品种。

（2）诱导烟株抗性：苗期施用植物根际促生菌可以提高植株抗病性。

（3）加强栽培管理：在栽烟前，铲除烟田周围的杂草，减少病毒的初侵染源。加强肥水管理，提高植株抗病性。

（4）治蚜防病：可参考烟草黄瓜花叶病毒病。

（5）药剂防控：使用5%氨基寡糖素水剂或2%香菇多糖提升烟株抗性；在发病初期使用20%克Y特灵可湿性粉剂或8%宁南霉素水剂叶面喷雾。

五、烟草辣椒脉斑驳病毒病

【发生分布与危害】

2010年，我国首次在云南烟草上发现辣椒脉斑驳病毒病，此后在贵州、四川、山东等烤烟种植区也发现烟草辣椒脉斑驳病毒病。近年该病害在雪茄烟种植区也常有发生，该病害突发性强、流行迅速，一旦条件适宜便广范发生，严重危害烟叶生产，已成为我国西南雪茄烟产区的重要病毒病害之一。

【症状】

大田烟株感病后叶片褪绿黄化、叶片皱缩、叶缘下卷，有圆形褪绿黄斑，这是该病的典型症状。严重时，圆形黄斑枯死，叶脉也变褐坏死。随着病毒的扩散症状越发严重，烟草叶片自下而上干枯脱落，甚至整株死亡（图1-8）。

整株性褪绿亮黄斑点 　　　　　　　　　褪绿斑点变为坏死斑

图1-8　烟草辣椒脉斑驳病毒病

【病原】

病原为辣椒脉斑驳病毒（chilli veinal mottle virus, ChiVMV），为马铃薯Y病毒科（*Potyviridae*）马铃薯Y病毒属（*Potyvirus*）的成员。

【发病时期】

烟草辣椒脉斑驳病毒病自苗期到成株期均可发病。

【自然寄主】

可侵染辣椒、烟草和番茄等多种茄科作物，以及藜科植物等。

【传播途径】

ChiVMV主要依靠多种蚜虫以非持久性方式传播，也可通过病株汁液或机械接触传播，不能通过种子传播。

【发病关键因素】

辣椒脉斑驳病毒病的流行主要与蚜虫活动有直接关系，农事操作、工具等也可传播病毒，烟株在大田生产过程中的移栽、中耕管理等农事操作环节如果产生伤口，病毒也会通过这些伤口侵染烟株。

【诊断要点】

（1）田间诊断：典型症状为叶片上出现褪绿黄色斑点，后期亮黄斑点变为坏死斑。

（2）电镜观察：病毒粒体长而弯，大小约730 nm×13 nm。

（3）血清学检测：利用ELISA方法进行检测。

（4）分子生物学检测：提取病株叶片总RNA，用ChiVMV特异性引物进行RT-PCR扩增检测，根据获得的目的条带，经克隆测序比对后，在分子水平确定病原。

【防控方法】

（1）种植抗耐病品种。

（2）治蚜防病：阻断病毒的虫传途径，可用防虫网覆盖苗床，采用银灰地膜栽培，避蚜防病；适时喷施杀虫剂，防治蚜虫。

（3）适时早播早栽有效避开蚜虫迁飞高峰期。

（4）加强栽培管理：在栽烟前，铲除烟田周围的杂草，减少病毒的初侵染源。加强肥水管理，提高植株抗病性。合理轮作。

（5）药剂防控：参考马铃薯Y病毒病的防治方法。

六、烟草番茄斑萎病毒病

【发生分布与危害】

烟草番茄斑萎病毒病可在烟草整个生育期发生危害，为世界性分布，一般发生在温带、亚热带地区。目前该病害在我国各烤烟种植区均有发生，尤其是在西南烤烟种植区，如云南、广西、贵州、四川和重庆等地发生较为严重。近年云南省雪茄烟种植区出现该病害的危害，烟株幼苗期感染或大田初期感染，损失可达40%~50%。

【症状】

烟草病株初期表现为发病叶片点状密集坏死，且不对称生长，烟株顶端弯曲；发病中期，病叶出现坏死斑点和脉坏死，顶部新叶出现整叶坏死症状，且顶芽坏死停止生长；发病后期，烟株进一步坏死，茎秆上有明显的凹陷坏死症状，且对应部位的髓部变黑，最终导致烟株整株死亡（图1-9）。

叶片密集坏死斑及叶脉弯曲

图1-9 烟草番茄斑萎病毒病

顶芽坏死及叶脉坏死　　　　　　　　全株发病症状

图1-9　烟草番茄斑萎病毒病（续）

【病原】

番茄斑萎病毒（tomato spotted wilt virus，TSWV），属番茄斑萎病毒科
（*Tospoviridae*）番茄斑萎病毒属（*Ortho tospovirus*）。

【发病时期】

自苗期到成株期均可发病。

【自然寄主】

TSWV寄主范围比较广，可侵染70余属1 000余种植物。

【侵染循环及传播途径】

TSWV可在蔬菜、花卉及多年生杂草等植物上越冬，主要通过蓟马传毒，
至少有9种蓟马可以持久性传播该病毒，包括西花蓟马、烟蓟马、苏花蓟马、
苜蓿蓟马、棕榈蓟马等。由蓟马的若虫在越冬寄主植物上获毒后，经3～18 d

的潜育期，待若虫变为成虫后即能传毒（若虫不能传毒），获毒后的成虫具终生传毒能力（图1-10）。

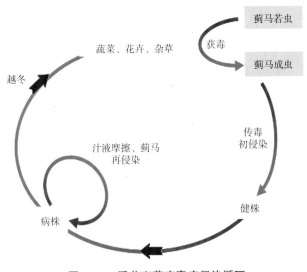

图1-10　番茄斑萎病毒病侵染循环

【发病关键因素】

该病害发生的严重程度与介体、毒源植物和寄主之间的关系密切。毒源植物的数量多、距离近，发病重；介体蓟马的数量多，发病重。若冬春季节雨水多、气温低，可使越冬蓟马种群数量骤减，病害减轻，反之，发病严重。田间频繁的农事操作可使蓟马传毒率增高。烟草苗期发病重，成株期抗性强。田间最适发病温度为25℃，超过35℃或者低于12℃时均不表现症状。

【诊断要点】

（1）田间诊断：初期表现为发病叶片点状密集坏死，且植株顶端弯曲，随着病情的发展，病叶出现坏死斑点和脉坏死，顶部新叶出现整叶坏死和顶芽坏死症状。最后烟株进一步坏死，茎秆上有明显的凹陷坏死症状，且对应部位的髓部变黑，导致烟株整株死亡。

（2）电镜观察：病毒粒体近圆形，直径70～90 nm，粒体外有包膜，膜外层有刺状突起。

（3）血清学检测：利用ELISA方法进行检测。

（4）分子生物学检测：提取病株叶片总RNA，用特异性引物进行

RT-PCR扩增检测，根据获得的目的条带，经克隆测序比对后，在分子水平确定病原。

【防控方法】

（1）杀虫防病：使用杀虫剂防治越冬蓟马，或防治烟田周围大棚中蔬菜上的蓟马，减少春季始发虫源。

（2）降低虫口基数：利用60目以上尼龙网在育苗期阻止蓟马取食烟苗、银色地膜驱避蓟马、蓝色诱虫板诱集蓟马等物理防治方法防控蓟马的为害。

（3）施肥壮苗：移栽期至团棵期，通过及时适当施用锌肥等措施，促进烟苗快速缓苗，增强烟株抗病能力。

（4）加强栽培管理：苗期检测并剔除带毒烟苗，大田初期及时拔除并销毁病株；加强烟田卫生管理，及时铲除田间及周边杂草，烟田不与茄科等蔬菜作物轮作或间套作。

七、烟草曲叶病毒病

【发生分布与危害】

烟草曲叶病毒病又称卷叶病、皱缩矮化病，多发生在热带、亚热带地区以及温带局部地区。在我国各烤烟种植区均有发生，一般为零星发生，但西南烤烟种植区如云南、四川、广西等地的部分烟田发生较为严重，生长后期甚至100%染病。目前在云南、海南雪茄烟叶上发现此病危害，随着雪茄烟种植规模的不断扩大，此病害应予以重视预防。

【症状】

发病初期，顶部嫩叶微卷，后卷曲加重，叶片皱缩不平，叶片变厚呈深绿色，叶缘反卷，主脉变脆扭曲，小叶脉增粗，叶脉呈黑绿色，叶背常有耳状突起，大小不等（图1-11）。苗期感染或发病较早的重病株严重矮化，叶柄、叶脉、茎秆扭曲畸形，枝叶丛生，基本无利用价值。大田后期感染则仅顶叶卷曲。

发病植株 　　　　　　　　　　　　　　叶片卷曲

叶脉扭曲 　　　　　　　　　　　　　　叶背耳突

图1-11 烟草曲叶病毒病

【病原】

中国番茄黄化曲叶病毒（tomato yellow leaf curl China virus，TYLCCNV）、烟草曲茎病毒（tobacco curl shoot virus，TbCSV）、云南烟草曲叶病毒（tobacco leaf curl Yunnan virus，TbLCYnV）等病毒。在海南雪茄烟曲叶病毒病样品中检测出中国胜红蓟黄脉病毒（ageratum yellow vein China virus，AYVCNV）和中国黄花稔曲叶病毒（sida yellow mosaic China virus，SiYMCNV）。这些病毒均属于双生病毒科（Geminividae）菜豆金色花叶病毒属（Begomovirus）。病毒为单链环状DNA病毒，基因组为双组分或单组分，即DNA-A和DNA-B，在我国发现的大多数都是单组分的，含有DNA-A且伴随有致病性卫星分子DNAβ。

【发病时期】

烟草曲叶病毒病可在烟草整个生育期产生危害。

【自然寄主】

寄主范围较广，除侵染烟草等茄科植物外，还侵染菊科、锦葵科、藜科、豆科等30多种植物。

【侵染循环及传播途径】

主要通过烟粉虱以非持久性方式传播，汁液摩擦和种子不能传毒，但可嫁接传毒。

田间多种杂草和感病烟株是最主要的侵染来源。留在田间的染病枝杈、自生烟苗和中间寄主如番茄等带毒植物经粉虱吸食后，迁飞到烟田传毒（图1-12）。

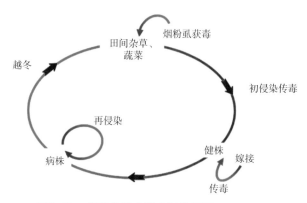

图1-12　烟草曲叶病毒病侵染循环

【发病关键因素】

烟草曲叶病毒病的发生和流行与烟粉虱活动密切相关，任何影响烟粉虱生长繁殖的因素也都直接影响该病害的发生和流行。春季气温低、雨水多，发病少；夏末和秋季气温高、干旱，烟粉虱活动猖獗，病害发生重。

烟粉虱传毒后寄主的显症时间与温度也有直接关系，30℃左右显症最快。

烟叶收获后留有烟秆的地块翌年发病重；烟草幼苗更易感病，株龄越大，抗病性越强。

【诊断要点】

（1）田间诊断：病株丛簇，叶面皱缩、扭曲，凸凹不平，叶缘反卷；叶背有脉肿和小型耳突。

（2）电镜观察：病毒粒体为双联体结构，大小为（18～20）nm×（25～30）nm。

（3）血清学检测：利用ELISA方法进行检测。

（4）分子生物学检测：提取病株叶片总RNA，用特异性引物进行RT-PCR扩增DNA-A基因组全长，测序比对在分子水平确定病原。

【防控方法】

（1）选用抗病品种。

（2）选用无病壮苗，剔除病苗；加强烟田卫生管理，铲除田间及周边杂草和毒源植物；合理布局，不与茄科作物间作、套作。

（3）治虫防病：使用杀虫剂防治越冬虫源，减少春季始发虫源，降低虫口基数；育苗期选用60目以上尼龙网、黄色诱虫板进行阻断或诱杀烟粉虱。

（4）根据烟粉虱发生流行高峰期与活动的特性，在允许范围内调整烟苗移栽期，避免在烟粉虱发生高峰期移栽，减少烟苗与传毒介体接触的机会。

八、烟草蚀纹病毒病

【发生分布与危害】

烟草蚀纹病毒病在我国烤烟种植区均有发生，特别是在云南、贵州、四川、安徽、河南、陕西、辽宁、山东等地发生较为严重，已经成为一些植烟区

的主要病害之一。四川、海南、云南雪茄烟种植区也有发生。

【症状】

发病初期，叶面形成褪绿黄点、细黄条，沿细脉扩展，连成白色或褐色线状蚀刻斑。严重时蚀纹坏死遍布整个叶面，后期蚀纹连片穿孔、枯死脱落，仅留主、侧脉骨架。顶部新叶可出现明脉和浅斑驳症状。此外，烟株的茎和根亦可出现干枯条纹或坏死（图1-13）。

图1-13　烟草蚀纹病毒病

【病原】

烟草蚀纹病毒（tobacco etch virus，TEV）是马铃薯Y病毒属成员，含单片段的单链正义RNA（+ssRNA），病毒粒体在电子显微镜下呈弯曲线状，无包膜，螺旋对称结构。

根据症状的轻重及在其他茄科寄主上的反应差异可将其划为2个株系：重蚀纹株系（TEV-S）和轻微蚀纹株系（TEV-M）。重蚀纹株系表现为褪绿、蚀纹、矮化，轻微蚀纹株系则只有很轻微的褪绿斑驳、蚀刻和轻微矮化。

【发病时期】

烟草蚀纹病毒病一般在大田期发生，前期不表现症状，到旺长中后期症状才能显现出来，打顶后病情发展趋慢。

【自然寄主】

TEV的寄主范围十分广泛，自然寄主植物目前主要限于茄科（包括烟草、番茄、辣椒）和藜科等重要经济作物和广泛存在于自然界的许多杂草（如曼陀罗、苋色藜、酸浆、刺儿菜、龙葵等）。人工接种可侵染19科120多种双子叶植物，由此说明，TEV具有广泛的潜在寄主。

【侵染循环及传播途径】

［越冬和初侵染］TEV主要在越冬蔬菜和田间野生杂草上越冬。初春通过有翅蚜再传播到烟田，造成初侵染。带病的烟苗也可成为大田传毒的毒源，在苗床揭膜阶段即可被迁飞的有翅蚜传毒而感病，这是烟田最早的初侵染来源，移栽期是TEV初侵染的重要时期。

［传播和再侵染］病害在田间的扩散和加重，主要通过蚜虫传播和汁液摩擦。田间被感染的烟苗为再侵染源，通过有翅蚜和无翅蚜的扩散来完成。烟株在团棵期至旺长期，农事操作所造成的汁液机械摩擦传播亦是田间再侵染的途径（图1-14）。

传播TEV的蚜虫有10余种，其中烟蚜传毒力最强，其次是棉蚜和菜缢管蚜。蚜虫以非持久性方式传毒，其最短获毒、传毒时间均为10 s左右，保毒最长时间为100～120 min，蚜传烟草蚀纹病毒所需的最低病毒量，远远低于现有检测手段所能探测的最低限。

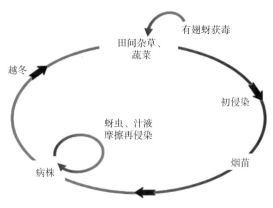

图1-14 烟草蚀纹病毒病侵染循环

【发病关键因素】

烟草蚀纹病毒病的流行与有翅蚜的数量及活动关系密切。蚜虫第一次迁飞高峰正值幼苗期，一般不表现症状。第二次迁飞高峰后20 d左右感病烟株开始显症，30 d左右进入发病高峰。病害发生轻重与第二次迁飞高峰时有翅蚜数量呈正相关，发生早晚与迁飞早晚呈正相关。

烟田采用地膜覆盖，银灰地膜有明显的避蚜作用，病害发生较轻；冬季及早春气温低且降水量大时，越冬蚜虫少，烟草蚀纹病毒病发生轻，反之则重。

此外其他因素也间接影响病害流行。远离蔬菜田或采取麦烟间套的烟田烟草蚀纹病毒病发生少而轻；气温波动、久旱后突然降雨，也有利于病害发生；生长旺盛的烟田一般发病较重，氮肥适中则病轻；在25℃时烟株内病毒浓度高，30℃以上病毒浓度降低。光照不足时病害加重。

【诊断要点】

（1）田间诊断：田间烟草蚀纹病毒病可出现两种症状类型。一种是感病叶片出现1~2 mm大小的褪绿小黄点，严重时布满叶面，进而沿细脉扩展呈褐白色线状蚀刻症；另一种是初为明脉，进而扩展呈蚀刻坏死条纹。病斑或者坏死叶脉布满整个叶面，后期叶肉坏死穿孔或脱落，仅留主脉和侧脉的骨架。

根据烟草类型和品种的不同，在叶片上还可出现细叶脉、侧脉失绿发白、叶面泛红呈点刻状坏死、叶背侧脉呈明显黑褐色间断坏死等症状。

鉴别寄主诊断：在白肋烟和三生烟上表现为坏死蚀纹；心叶烟为花叶；苋色藜为局部坏死斑；曼陀罗为系统花叶并畸形。

（2）病毒粒体为较均一的线状粒子。大小为（720～750）nm×（2～13）nm。

（3）血清学检测：利用ELISA方法进行检测。

（4）分子生物学检测：提取病株叶片总RNA，用特异性引物进行RT-PCR扩增检测，根据获得的目的条带，经克隆测序比对后，在分子水平确定病原。

【防控方法】

（1）种植抗病品种。

（2）治蚜防病：设置防虫网、利用银灰地膜避蚜，烟草苗床期和大田期及时喷药治蚜等，隔离烟草蚀纹病毒的毒源植物和蚜虫。

（3）加强栽培管理：实行麦烟套种耕作；适时移栽，避开蚜虫迁飞高峰期；合理施肥，避免偏施或过施氮肥；烟田周围不种茄科作物；及时清除田间杂草和毒源植物等。

（4）化学防治：用免疫诱抗剂或者抗病毒药剂，如8%宁南霉素水剂、1%香菇多糖水剂，苗期用药1～2次，移栽前1 d用药1次，以防止病毒在移栽时通过接触传播，在移栽后的生长前期施用2～3次；可参考黄瓜花叶病毒病和马铃薯Y病毒病防治，提倡在田间操作前对烟株喷药保护。

第二章

真菌病害

一、烟草猝倒病

【发生分布与危害】

烟草猝倒病俗称倒苗病，是烟草苗床期的主要病害之一，在我国各植烟区普遍发生。幼苗感病后很快倒折腐烂，遇低温多雨、苗床湿度过大、育苗地重茬时，发病严重。

【症状】

幼苗发病初期，茎基部呈褐色水渍状软腐，并环绕茎部，幼苗随即枯萎倒卧地面，叶片保持几天绿色或很快腐烂，苗床上呈现一块块空斑，苗床湿度大时，病苗周围密生一层白色絮状物（图2-1）。移栽大田后的轻病苗，环境条件不利时，症状会继续蔓延到叶部，茎秆全部软腐，病株很快死亡；幸存的植株，遇潮湿天气，接近土壤的茎基部出现褐色或黑色水渍状侵蚀斑块，茎基部下陷皱缩，干瘪弯曲。茎的木质部呈褐色，髓部呈褐色或黑色，常分裂，呈碟片状。

图2-1　烟草猝倒病苗期症状

【病原】

　　烟草猝倒病主要由瓜果腐霉（*Pythium aphanidermatum*）引起，病原属于藻物界卵菌门腐霉属，此外，其他腐霉属种群也能引起该病害。瓜果腐霉属于高温型腐霉菌，菌丝发达、无色透明、无隔膜，孢子囊顶生或间生，呈条状或瓣状分枝，卵孢子球形，有明显的液泡。菌丝体生长和卵孢子萌发的最适温度为28～36℃，有的菌株能在46℃下生长。菌丝生长的最低、最高和最适pH值分别为2.5、10.7和6.1，可以在多种自然培养基上良好的生长。

【发病时期】

　　主要危害烟草幼苗，以3～5片真叶期最易发病。也能危害大田烟株，造成茎黑腐。

【自然寄主】

　　腐霉菌的寄主范围很广，可侵染50多个属的植物，如大豆、玉米、水稻、大白菜、芹菜、黄瓜、甘蓝、番茄、茄子、菜豆、萝卜、草莓、马铃薯和瓜果等。

【侵染循环及传播途径】

病原菌主要存在于土壤中，以腐生或者在植物上和腐烂的有机物上兼性寄生。以卵孢子和厚垣孢子在土壤中或病残体上越冬，成为烟田初侵染源。适宜条件下，萌发形成芽管或游动孢子，侵染烟草的茎基部或根系，引起幼苗腐烂，在病部表面再产生孢子囊和游动孢子，借助灌溉和雨水传播，进行再侵染。寄主组织内产生大量卵孢子，腐烂后进入土壤中，成为再侵染源或休眠越冬（图2-2）。

病原菌除了通过土壤传播外，也可通过病残体、带菌的肥料、农具等传播。带病的烟苗是大田的主要传播源。

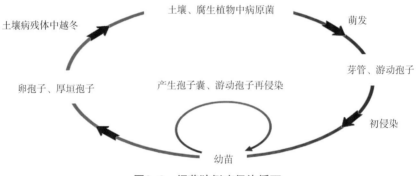

图2-2　烟草猝倒病侵染循环

【发病关键因素】

猝倒病的发生流行受诸多环境因素影响，包括土壤含菌量、温度、水分、土壤酸碱度、根系渗出物的性质和数量等。病害可发生于适合烟草生长的任何温度条件，但病害严重发生的温度一般低于烟草生长的最适温度（26~30℃），如果几天内气温低于24℃，病害会迅速发生、蔓延。土壤湿度是影响猝倒病发生的最重要因素，高湿条件利于病原菌的生长和繁殖，导致病害严重发生。

【诊断要点】

猝倒病幼苗倒折腐烂，在潮湿条件下，感病部位及周围土壤产生白色絮状物。如果发生在烟苗大十字期之前，发病蔓延十分迅速。

【防控方法】

猝倒病为苗床期的主要土传病害，加强苗床管理是防病的主要措施。

（1）选用无病土或基质育苗。

（2）加强苗床管理：苗床留苗不要过密，三叶期前少浇水，尤其在阴雨、低温情况下更需控制苗床湿度。

（3）苗期防治：烟苗大十字期后，可用1∶1∶（160～200）波尔多液，每隔7～10 d喷施一次进行预防，发病后可选用58%甲霜·锰锌可湿性粉剂浇灌。

（4）大田防治：不移栽带病、带菌的烟苗于大田。在病区，烟苗移栽时用50%福美双可湿性粉剂拌干细土，施入穴中进行预防。发现田间开始发病，可用58%甲霜·锰锌可湿性粉剂灌根。注意烟田轮作，减轻病害的发生。

二、烟草立枯病

【发生分布与危害】

烟草立枯病主要发生在苗期，在所有产烟国家均有分布，我国各植烟区也均有发生。近年来在局部地区因苗床管理不当，防治立枯病不及时，导致育苗失败。

【症状】

发病部位主要在烟苗的茎基部，病部初期形成褐色斑点，后变成椭圆形凹陷病斑，边缘明显，继续扩大后可绕茎一周并向上扩展数厘米，导致受害部位干枯缢缩，造成烟苗死亡，在一般情况下不倒伏，故称立枯病。在高湿条件下也会有病部腐烂而倒折现象。在潮湿条件下，病斑上常有不明显的淡褐色蛛丝网状霉层，并有灰色或淡褐色不规则的菌核。

当轻病烟苗被移栽到田间，若遇冷凉潮湿气候，此病将继续发展，降低成活率。大田期，受害烟株茎基部初期为褐色下陷病斑，随后病斑逐步扩展至整个茎围，烟株较易从茎基部折断，但根通常都是健康的。若将较大病株的茎纵向切开，可见髓部干缩呈褐色，并带有浅灰色菌丝或菌核，木质部变得坚硬而易折断；茎斑可以扩展到下部叶片的主脉基部并导致其腐烂，致使叶片下垂，引起叶斑；受侵染烟株变黄、矮化，甚至萎蔫，易被大风吹倒（图2-3）。

图2-3　烟草立枯病症状

【病原】

烟草立枯病主要由茄丝核菌（*Rhizoctonia solani* Kühn）引起，属无性类真菌丝核菌属，其有性世代为瓜亡革菌［*Thanatephorus cucumeris*（Frank）Donk］，属于担子菌门亡革菌属。病原菌菌丝粗壮，多核，有分隔，褐色，直径为8～12 μm，初生菌丝为无色，分隔少见。新生菌丝与母体菌丝近45°分枝，随着菌丝老熟变为棕黄色至褐色，菌丝分枝夹角近90°，且在分枝处有明显缢缩，在分枝不远处有一个隔膜。能够产生大小不一、深褐色至黑色的菌核。

茄丝核菌不产生分生孢子，一般有性世代也不易被发现，主要通过菌丝融合现象将其分成多个融合群，引起烟草立枯病的融合群主要有AG-4-HG-Ⅰ、AG-1、AG-5，在立枯病植株上很少分离到AG-3融合群。

*R. solani*菌丝最适生长温度为24～28℃，低于5℃或者高于35℃很少生长；最适生长pH值为4.5～7.0；光照抑制菌丝生长，促进菌核形成；湿度高于98%时利于菌核萌发。

【发病时期】

主要发生在苗床中后期，以及大田期旺长前。

【自然寄主】

病原菌寄主十分广泛，可侵染棉花、水稻、玉米、大豆、花生、马唐等200余种植物。

【侵染循环及传播途径】

病原菌主要以菌核和休眠菌丝在土壤和病残体中长期存活，也能以菌丝和菌核在病组织或其他寄主上存活。初侵染来源主要是土壤中越冬的菌核，相对湿度较大时，菌核萌发产生菌丝，直接通过气孔或者穿透表皮细胞侵入茎基部，引起立枯病；冷凉潮湿的条件下，病斑迅速扩大，菌丝向周围生长并侵染附近烟株，水流可以传播病菌。带病烟苗移栽到大田也是大田的初侵染源之一（图2-4）。

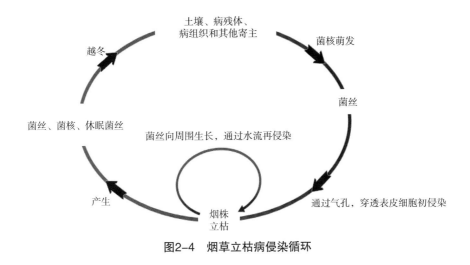

图2-4 烟草立枯病侵染循环

【发病关键因素】

病害发生的轻重取决于土壤中的病原数量、气候条件和栽培因素。土壤中菌源量大发病重，中等偏高湿度、黏重而又排水不良的土壤有利于立枯病的发生。

【诊断要点】

立枯病茎基部形成的病斑一般褐色并凹陷，严重时绕茎一周，缢缩，一般病苗不倒伏。

病部产生白色棉絮状物；茎部菌丝在显微镜下表现为近直角分枝，分枝菌丝的基部有缢缩，有隔膜。

【防控方法】

（1）加强苗床管理，注意通风透光。

（2）施足基肥，以有机肥作底肥，高垄种植。

（3）注意田间卫生，及时清除病株残体，铲除田边杂草，减少病原菌初侵染源。

（4）合理密植，培育壮苗，加强栽培管理。

（5）田间发现零星病株及时施药防治，可选用8%井冈霉素水剂、25%嘧菌酯悬浮剂等喷淋烟株茎基部。

三、烟草炭疽病

【发生分布与危害】

烟草炭疽病是由真菌引起的一种气传叶部病害，主要在苗床期发病，我国各植烟区均有发生，由于育苗方式以漂浮育苗和湿润育苗为主，苗期炭疽病总体发病较轻。

【症状】

初期侵染位于下部叶片，形成水渍状暗绿色圆斑，中间凹陷，呈纸片状，边缘隆起，后病斑变为中央浅褐色、边缘深褐色的圆形坏死斑，易破碎穿孔。湿度大时病斑上有时有轮纹，病斑上散生着由分生孢子簇形成的稀疏小黑点。病斑密集时连接成大斑，似火烧状，俗称"烘斑"（图2-5）。

叶片主脉上有时形成深褐色或黑色、长形凹陷的坏死斑，甚至可能导致叶柄和茎部腐烂。

【病原】

由烟草炭疽菌（*Colletotrichum nicotianae*）引起，属于无性类真菌炭疽菌属。另外，在我国海南省发现，喀斯特炭疽菌（*Colletotrichum karstii*）危害成熟期雪茄烟叶片，引起炭疽病。

图2-5　烟草炭疽病

【发病时期】

整个生育期均可发生，以苗期（小十字期）二片真叶时危害较重，大田移栽至团棵期偶有发生。

【自然寄主】

病原菌的寄主范围较广泛，能侵染很多栽培作物和杂草。

【侵染循环及传播途径】

病原菌可在土壤中和地上部的病残体中存活，成为初侵染源。分生孢子通过气流、雨水或灌溉水飞溅方式传播。不能通过种子传播（图2-6）。

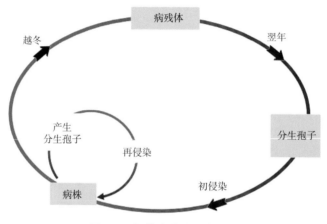

图2-6　烟草炭疽病侵染循环

【发病关键因素】

高湿、冷凉气候及低光照有助于病害扩展；在菜田、连作田或露地育苗时发病较重；苗期多雨、苗床过湿且苗床管理粗放时发病重；烟苗密度过大利于病害发生；塑料薄膜覆盖育苗时，发病则轻。

【诊断要点】

田间诊断：初始病斑暗绿色、中间如纸片状，直径约0.5 mm；后期病斑中央灰白色，边界明显，呈黑褐色，病斑易穿孔，中央散生黑色分生孢子簇。严重时，病斑聚集成大的坏死斑。

【防控方法】

（1）苗床管理：选择地势较高、土质肥沃、无病的疏松沙壤土作苗床，并采用塑料薄膜覆盖育苗。移栽前，可用35%威百亩水剂进行土壤消毒。长期阴雨，苗床湿度较大时，可撒干草木灰降低苗床湿度。雨后注意通风降温。苗床温、湿度较高时，棚内应强制性通风。

（2）种子消毒：加工包衣种子或裸种播种都要做好种子的消毒。可用1%~2%硫酸铜或2%福尔马林溶液浸种消毒10 min，然后用清水洗净、晾干催芽后播种。

（3）药剂防控：烟草幼苗在2~3片真叶时，可用1∶1∶（150~180）波尔多液、80%代森锰锌可湿性粉剂进行防治。

四、烟草灰霉病

【发生分布与危害】

烟草灰霉病目前是漂浮育苗苗床期主要病害，轻症发病率为5%~8%，重症达50%以上。目前，该病害在大田期发生范围和危害程度呈上升趋势。广泛分布于我国四川、云南、海南、湖南等地。

【症状】

主要危害烟株的叶片和茎秆。

苗床期多从茎基部发病，水渍状斑，随湿度增加发展为长圆形病斑，中部呈黑褐色、稍下陷。病情加重叶片变黄，凋萎严重时烟苗腐烂死亡。大田期，首先侵染叶缘，初为水渍状，后发展为黑褐色病斑，有明显的轮纹，圆形或不规则形（图2-7）。

在高湿条件下病斑表面有灰色霉层，叶脉腐烂，叶片脱落。茎部的病斑可以蔓延至环绕全茎，最终导致上部叶片枯萎。

【病原】

病原是灰葡萄孢（*Botrytis cinerea*），属无性类真菌葡萄孢属。病原菌菌丝最适生长温度为20℃，致死温度为42℃；最适pH值为6.0；分生孢子在相对湿度低于100%时不能萌发，完全光照对该菌菌丝生长有促进作用，而完全黑暗更利于产孢、孢子萌发及菌核的形成。

大田症状

叶部症状   茎部症状

图2-7　烟草灰霉病

【发病时期】

主要发生在漂浮育苗的苗床期和大田期，局部植烟区在旺长期偶有发生。

【自然寄主】

灰葡萄孢菌是兼性寄生菌，寄主范围很广，可侵染多种果蔬和花卉，引起灰霉病。

【侵染循环及传播途径】

以菌核、分生孢子和菌丝体的形式在病残体和土壤中越冬，翌年分生孢子通过气流传播，主要侵染寄主伤口、自然孔口和幼嫩组织，产生病斑后，分生孢子借气流进行再侵染。

【发病关键因素】

烟草灰霉病是烟草生产中采用漂浮育苗技术后的常见病害。中温高湿是灰霉病发生的主要条件。苗床期湿度大，若通风不足、透光性差、剪叶造成伤口等，更易引起病害发生与流行。大田期烟株间距增大，通风透光好，病害症状逐渐减轻。温度高时，中下部叶及底脚叶有零星发生。

【诊断要点】

（1）田间诊断：灰色霉层是病害发生严重时的典型症状，同时茎秆和叶片有不规则病斑，中间有轮纹，湿度大时发病部位有灰色霉层。

（2）显微镜观察：菌丝灰白色，分生孢子梗簇生，顶端分枝膨大近球形，密生小梗，着生大量分生孢子，呈葡萄穗状。分生孢子单胞无色，圆形或近圆形，末端稍突。

【防控方法】

（1）育苗期加强栽培管理，育苗棚要通风、透气、透光，保持温度，降低湿度；苗床消毒处理，育苗地开好排水沟，播种前浇足底水，降雨时不揭膜，雨后高温注意通风。

（2）可选用1∶1∶200的波尔多液进行预防；或在发病初期、移栽前或阴雨天前选用40%嘧霉胺悬浮剂、25%腐霉·福美双可湿性粉剂进行喷施防治。

五、烟草赤星病

【发生分布与危害】

烟草赤星病是一种世界性的烟草叶部病害，俗称褐斑病。目前，该病在全国各植烟区发生日益严重。据估测，一般年份赤星病的发病率为30%～35%，严重时发病率达90%，减少产值达50%以上，其危害主要在于对烟叶外观和内在品质的破坏，工业利用价值大大降低。

【症状】

主要危害叶片、茎秆、花梗、蒴果。先从下部叶片开始发病，随着叶片的成熟自下而上逐步发展，最初在叶片上出现黄褐色圆形小斑点，后扩大变成褐色。一般最初斑点直径不足0.1 cm，后扩大至1～2 cm。病斑圆形或不规则圆形、褐色，有明显的同心轮纹，边缘明显，外围有淡黄色晕圈。茎秆、蒴果上也会产生深褐色或黑色圆形、椭圆形凹陷病斑（图2-8）。部分病斑在晾晒过程中仍可继续再侵染或扩大。

【病原】

烟草赤星病病原为无性类真菌链格孢属。目前鉴定的病原主要包括链格孢（*Alternaria alternata*）、长柄链格孢（*A. longipes*）、细极链格孢（*A. tenuissima*）和鸭梨链格孢（*A. yaliinficiens*）等，以链格孢最为普遍。病菌最适生长温度为25～30℃，最低生长温度为5℃，最高生长温度为38℃。适宜生长pH值为3～10.2，最适为5.5～7.5。

分生孢子置于烟叶表面的水膜中，在适温条件下不足1 h即可萌发，产生1条至数条芽管直接侵入或从气孔侵入，潜育期7～48 h。

病原菌致病力存在差异，烟草赤星病菌在寄主体内和培养过程中可产生几种不同毒素，主要是AT毒素和TA毒素。

【发病时期】

烟草赤星病多发生于烟叶成熟期，烟株打顶后为烟草赤星病易感阶段，该病偶尔能侵染烟苗。

叶片症状

茎秆症状　　　　　　　　　　　　　　　　　　　叶脉症状

图2-8　烟草赤星病

【自然寄主】

寄主范围广，棉花、大豆、小麦、花生、桃、李、番茄、马铃薯、本氏蓼、曼陀罗和龙葵等多种作物及田间杂草均能被赤星病菌侵染。

【侵染循环及传播途径】

［越冬和初侵染］烟叶成熟采收后，烟草赤星病菌菌丝随着病残体遗落田间越冬。有的病菌可转移到死亡的杂草寄主上越冬。翌春产生新的孢子，靠风雨传播至叶片，萌发形成芽管，首先从中下部老叶的正面或背面侵入，最易于从叶毛细胞、叶缘细胞和虫伤处侵入，有时可从气孔侵入。

［传播和再侵染］初侵染植株往往是田间再侵染的菌源中心（图2-9）。烟草赤星病的田间水平扩散属于随机多中心型，病害的垂直扩散速度与下部病叶上的菌量累积、叶片衰老速度及环境条件有关。遇合适条件，病菌产孢量大、萌发快、侵入多、潜育期短，再侵染频繁，病害遂暴发流行。风雨和气流是病害的主要传播媒介。

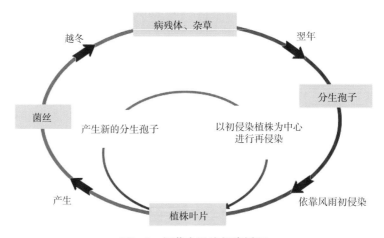

图2-9　烟草赤星病侵染循环

【发病关键因素】

［品种抗性］烟草品种的抗病性是影响该病流行的主要因素之一，品种间抗性存在一定差异。烟株抗性具有明显的阶段性特点，一般幼苗期抗病性强，随着烟叶的成熟，抗病力逐渐下降。

［土壤因素］生长前期严重干旱、追肥过晚或过量、有机质不足都易导致迟熟发病重；氮素供应过多会使烟株抗病性降低，增施钾肥则提高抗病性；种

植过密、田间通透条件较差，有利于发病。

[气候因素]烟草赤星病病情与大气旬平均相对湿度呈正相关，相对湿度增加则病情指数增加。温度主要影响发病早晚和潜育期长短，发病适温为23.7 ~ 28.5℃，过高的气温反而使烟草赤星病轻而烟草蛙眼病严重。

移栽期遇冷空气或连雨天，根系生长受阻，地上部僵化不长，必然导致晚发迟熟，感病期延长，病害易流行。阴雨天或浓雾天，光照不足，病害往往大暴发。山区和高海拔烟田，因成熟期昼夜温差大、叶面结露时间长，多发生烟草赤星病。此外，过于频繁的喷雾防治有时反而加重发病。

【诊断要点】

（1）田间诊断：烟叶成熟期后在烟田中出现零星病斑，病斑圆形或不规则圆形，褐色，有明显的同心轮纹，边缘明显，外围有淡黄色晕圈。湿度大时，病斑中心有深褐色或黑色霉状物。

（2）显微镜观察：菌丝有分隔，直径3 ~ 6 μm。分生孢子梗暗褐色，单生或数根簇生直立，不分枝，膝状弯曲。分生孢子淡褐色单生或链生于孢子梗顶端，倒棍棒形，基部大，顶端较细，多有喙，具有1 ~ 3个纵隔和3 ~ 7个横隔。

【防控方法】

（1）选种抗病耐病品种。

（2）农业防控：清除病残体，彻底销毁烟秆、烟杈、烟根和病叶及烟田杂草，以减少越冬菌源；合理密植，适时移栽，加强肥水管理，平衡营养；及时中耕和除草；适期适度打顶，保持烟株的正常株型。

（3）药剂防控：种植前用1%硫酸铜水溶液浸种消毒；打顶前一周开始统防统控，每隔7 ~ 10 d喷药1次，共2 ~ 3次即可。可选用的药剂有105亿CFU/g多粘菌·枯草菌可湿性粉剂、10%多抗霉素可湿性粉剂、40%菌核净可湿性粉剂、48%苯甲·嘧菌酯悬浮剂等。

六、烟草靶斑病

【发生分布与危害】

烟草靶斑病是2005年在我国辽宁省丹东烤烟种植区首次发现的国内烟草叶

部新病害。2013年，黑龙江、吉林烟叶产区暴发烟草靶斑病，给烟叶生产带来了重大损失。目前，云南、四川、贵州、湖南、湖北、广西等烤烟种植区均有此病发生危害的报道，有逐年蔓延的趋势。该病害危害烟草叶片，暴发性强，一旦发生，将导致烟叶产量、品质严重下降，可给烟叶生产造成巨大的经济损失。四川雪茄烟种植区也有该病害发生。

【症状】

环境适宜时，一般较低部位叶片发病和受损程度重。病原菌侵染叶片24 h后，叶片即可表现症状。

病斑初期为小而圆的水浸状斑点，白色至浅褐色，若为中温高湿环境或叶片长时间保持湿润条件，病斑会迅速扩大成圆形、近圆形，形成褐色具有同心轮纹的病斑，直径可达1～3 cm，周围褪绿晕圈不明显，也可形成不规则形病斑。若天气较干燥，病斑中央的坏死部分常碎裂穿孔，形如射击后在靶上留下的孔洞，故称靶斑病；空气湿度大时，病斑边缘背面会出现白色毡状霉层，为该菌的菌丝及其有性世代的子实层和担孢子（图2-10）。

大田症状

图2-10 烟草靶斑病

病斑形成初期

严重病斑

图2-10　烟草靶斑病（续）

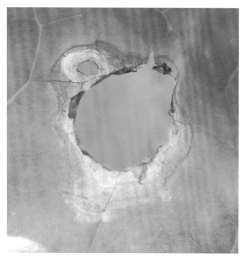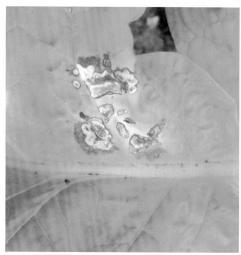

形成近圆形及不规则形病斑

图2-10　烟草靶斑病（续）

【病原】

病原菌有性世代为瓜亡革菌［*Thanatephorus cucumeris*（Frank）Donk］，属于担子菌门层菌纲亡革菌属，子实体和担孢子常产生于土表或叶片病斑处及周围（图2-11）；无性世代为无性类真菌茄丝核菌（*Rhizoctonia solani* Kühn）。

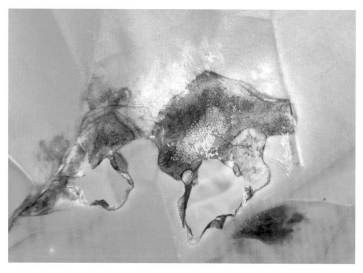

图2-11　病斑处产生子实体及担孢子

菌丝生长的最适温度为24~28℃，适宜相对湿度为65%~90%，其中相对湿度90%时菌丝生长最快；持续黑暗有利于菌丝的生长和菌核的形成。

烟草靶斑病菌的无性阶段存在不同的菌丝融合群，危害烟草的至少有5个菌丝融合群，其中AG-3融合群为优势菌群。

【发病时期】

从幼苗期到大田期均可发生烟草靶斑病，主要危害大田成熟期的叶片。

【自然寄主】

烟草靶斑病菌的寄主范围广，人工接种可侵染茄子、番茄、辣椒、黄瓜、冬瓜、白菜、甜菜和葫芦等。

【侵染循环及传播途径】

[越冬和初侵染]烟草靶斑病菌以菌丝和菌核在土壤和病株残体上越冬，通过产生小而轻的担孢子，靠气流传播扩散到健康烟株上，温度为24℃以上和较高湿度时，担孢子萌发直接侵入烟草叶片，完成初侵染。另外，当大田期烟叶生长到可以覆盖土壤时，土壤表面局部湿度较高，担孢子可以从土壤表面的子实层产生，通过气流散布到底层叶片上，也可完成初侵染。

[传播和再侵染]叶部的再侵染也是由担孢子引起，靠气流传播，叶部湿润、温度20~30℃时病害可迅速扩散蔓延；当湿度小、条件不适于担孢子产生时，该病原菌的菌丝和菌核萌发，可直接侵染幼苗，引起烟苗叶斑、茎溃疡或立枯症状（图2-12）。

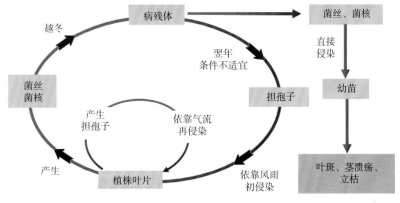

图2-12　烟草靶斑病侵染循环

【发病关键因素】

湿度是该病害发生的关键因素。叶部湿润、温度中等的环境有利于大量担孢子的产生、侵染以及在寄主组织上的定殖。风雨有利于担孢子的传播和对叶部的再侵染蔓延。病菌可通过烟草叶片气孔和伤口侵入，伤口更有利于病菌侵入。

【诊断要点】

（1）田间诊断：初期有小而圆的水浸状病斑，高湿、中温条件下扩展并呈亮绿色，边缘不规则，有褪绿晕圈。低湿、低温条件下，病斑扩展慢，形成典型的同心轮纹（与烟草赤星病相似），坏死组织破碎脱落，病斑形如子弹穿越枪靶上留下的空洞。有些病斑没有褪绿晕圈。常在病斑背面边缘有白色毡状霉层。

（2）显微镜观察：菌丝粗壮，宽9～12 μm，有隔膜，近直角分枝，分枝处有缢缩；有性子实体扁平，灰白色，松散地贴于叶肉；担孢子透明光滑，球形至椭圆形，脊部扁平，有突起而平截的顶端；无性阶段在培养基内可形成淡褐色菌核，大小不一。

【防控方法】

（1）种植抗病品种，加强品种的合理布局。

（2）加强栽培管理。强化苗期消毒管理，加强轮作，科学用肥，增施钾肥，根据品种特性和土壤肥力条件，合理控制密度。

（3）加强预防和调查诊断。

（4）结合病害发生规律，抓住关键时间点进行药剂防治。早期预防可以喷施波尔多液1～2次，发病初期，喷施8%井冈霉素水剂、3%多抗霉素可湿性粉剂或者325 g/L苯甲·嘧菌酯悬浮剂。

（5）强化大田卫生管理，消灭或控制初侵染源。烟叶收割后到翌年育苗前，烟田的病残体和附近的杂草必须彻底清除烧毁。

七、烟草蛙眼病

【发生分布与危害】

烟草蛙眼病是一种真菌性叶斑病害，目前在世界许多植烟区发生和流行，在热带地区尤为严重。我国雪茄烟产区均有发生，一般发病率为3%～20%，严重的达到60%以上。

染病烟叶进入晾晒阶段仍能继续受害，烟叶出现烘斑、缺乏弹性易破碎、碱糖量降低、氮量增加，严重影响烟叶质量。

【症状】

该病主要在大田期危害叶片，一般在烟株下部老叶上出现病斑，然后由下部叶向上部蔓延发展。

初期为水渍状暗绿色小点，逐渐扩展成凹陷、圆形或不规则褐色斑，最后发展成褐色或灰白色、中央白色、边缘深褐色的圆形病斑，有的病斑上有浅褐色轮纹。病斑中部散生着由分生孢子梗和分生孢子构成的微小黑点或灰色霉层，病斑整体似青蛙眼睛，故称为蛙眼病。严重时病斑可连片，致使整叶枯死。遇暴雨时病斑常破裂穿孔。采收期遇多雨潮湿天气，上部叶片可产生大的绿斑，如不及时采收，病斑可迅速腐烂。晾晒期已染病但采收前未显症状的叶片，在高温多湿的环境下多产生绿斑或黑斑（图2-13）。

图2-13　烟草蛙眼病

【病原】

病原菌是烟草尾孢菌（*Cercospora nicotianae* Ellis et Everhart），属于无性类真菌尾孢属。

烟草蛙眼病菌最适生长温度为24～30℃，致死温度为55℃（10 min）。菌丝生长最适pH值为4.5～5.0。光照有利于病原菌生长，病斑在日出前后较清凉

的时候更易产孢。连续的荧光照射可促进产孢。

【发病时期】

从苗期至成熟采收期均可发病，主要是大田烟株的成熟叶片易感病。

【自然寄主】

烟草蛙眼病菌寄主范围较广。人工接种试验表明，病原菌还能侵染部分茄科作物（茄子、辣椒）、豆科（绿豆、黄豆）、菊科的洋姜、十字花科的白菜等，但不侵染禾本科植物。

【侵染循环及传播途径】

［越冬和初侵染］烟草蛙眼病菌在种子和土壤病残体中越冬。初侵染源为翌年产生的分生孢子，借风雨传播到叶片上，萌发产生芽管，从气孔侵入叶片，并在侵染部位形成有分枝的菌丝网格，直到出现蛙眼状病斑。

［传播和再侵染］幼苗期感染的病株移栽到大田能够继续发展蔓延。成熟期烟叶上的病斑形成的分生孢子借风雨传播，不断地进行再侵染。生产季结束后病菌又随种子、病残组织在土壤中越冬（图2-14）。

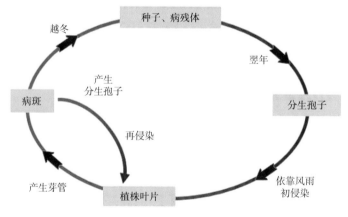

图2-14 烟草蛙眼病侵染循环

【发病关键因素】

烟草蛙眼病的田间流行规律与烟草赤星病基本相同，发病条件也与烟草赤星病有许多相似之处，田间病害也存在水平扩展和垂直扩展的过程。

［温湿度］此病属于高温高湿型病害。温度影响大田病害发生的早晚。成

熟期的高湿是病害流行的主导因素。烟草进入旺长期后，日平均气温在23℃以上、相对湿度85%以上，即进入盛发期。病情垂直扩散的速度取决于降水量和湿度，若多雨高湿，特别是大雨过后5~10 d病害即可暴发。

［土壤条件］地势低洼、黏重且排水不良的地块发病比旱土重；多年连作、种植密度过大的田块发病较重；重氮肥、少磷缺钾易发病，烟株打顶过晚引起的缺氮状假熟烟叶也易发病。

【诊断要点】

（1）田间诊断：典型病斑为中央白色、周围褐色，边界深褐色或黑色，呈蛙眼状。烟草蛙眼病常与烟草赤星病混合发生，但根据病斑的大小、颜色和病症可区分之。

（2）显微镜观察：分生孢子梗有隔，不分枝，膝状弯曲，丛生在子座上，基部褐色，上部色淡。分生孢子顶生，细长，直或略弯曲，多分隔但无纵隔，无色，基部较粗大。不同来源的分生孢子梗和分生孢子大小差异很大。我国报道的病原菌分生孢子梗大小为（35~80）μm×（3.5~5.0）μm，有1~3个隔膜，分生孢子大小为（42~115）μm×（4~5）μm，有5~10个横隔。

【防控方法】

可参考烟草赤星病的防控方法。

（1）加强栽培管理：提早育苗移栽，合理密植，合理施肥，适时采收，及时清除病残体并集中烧毁；合理轮作，可与水稻、玉米、高粱、棉花轮作。

（2）药剂防控：70%代森锌可湿性粉剂或250 g/L吡唑·醚菌酯乳油，间隔7~10 d喷施1次，根据病情连喷2~3次。

八、烟草白粉病

【发生分布与危害】

烟草白粉病俗称冬瓜灰，是一种较为重要的叶部病害，在亚洲、大洋洲、地中海地区和非洲的许多国家普遍发生且造成较严重的损失。国内主要雪茄植烟区均有发生，四川、云南、湖北、海南等地个别年份流行成灾，危害较重，受害烟叶的外观和内在品质极差。

【症状】

主要危害叶片，严重时可侵染茎秆、蒴果等部位（图2-15）。

幼苗发病初期叶片正面出现褪绿小斑，随即斑块的两面出现毯状小点，逐渐扩大或相互愈合。之后叶斑上布满白色粉状物，叶片逐渐变黄干枯。病斑后期偶尔可见黑色的颗粒体（即病原菌的子囊壳）。

大田期先从下部叶片发病，初期在叶片正面先出现白色微小的粉斑，随后扩大，严重时白色粉层布满整个叶面。白色粉层是网状的菌丝，其上有许多短小杆状的分生孢子。叶片背面也可见白色毯状斑块，严重时引起全株枯死。发病较轻的叶片调制后薄如纸、易破碎，失去经济价值。

白粉病菌不会直接引起寄主死亡，但会利用寄主的营养物质，通过减少光合作用，增加呼吸和蒸腾作用来干扰寄主的正常生长。

图2-15　烟草白粉病

【病原】

烟草白粉病病原主要有二孢白粉菌（*Golovinomyces cichoracearum*）、奥隆特高氏白粉菌（*G. orontii*）、烟草高氏白粉菌（*G. tabaci*），属子囊菌门白粉菌属。

该病菌为专性寄生菌，病叶上的白粉即病菌的菌丝和分生孢子。分生孢子萌发产生芽管，顶端形成附着胞吸附在叶片表皮，产生侵入丝穿透角质层，分泌酶溶解细胞壁的纤维素后进入寄主细胞内，产生吸器吸取寄主养分及水分。温度和湿度适宜时，约7 d内即可产生白色菌丝和分生孢子。分生孢子最适萌发温度为23～25℃，最适湿度为60%～80%，过低的湿度不利于芽管产生，近饱和的湿度也不利于萌发。液态水膜中的孢子易死亡。

【发病时期】

苗期及大田期均可发生烟草白粉病，以大田期危害为主。

【自然寄主】

除烟草外，此病菌还可以寄生于伞形科、茄科、菊科、蔷薇科、豆科、旋花科等植物。

【侵染循环及传播途径】

在冬季寒冷的地区，白粉病菌以子囊壳在土壤及病残体上越冬，在我国极少发现子囊壳世代，其初侵染源主要是来自在自生烟及其他寄主上越冬的白粉病菌。

此菌为外寄生菌，除吸器外，菌丝和分生孢子全部长在叶片表面，分生孢子极易飞散，大田期再侵染主要是分生孢子借助风雨、气流传播。

【发病关键因素】

［温湿度］烟草白粉病流行的适宜条件为中温中湿，高温高湿不利于白粉病的发生。最适侵染温度为16～23.6℃，高于23℃或低于19℃时病情发展缓慢。温暖潮湿，每天日照少于2～5 h更有利于发病，雨后天晴高温则延缓病害发展进程。

干湿交替有利于此病的流行，大雨或暴雨的冲刷作用，反而不利于分生孢子定殖和萌发。

［栽培条件］烟田种植密度过大或长势过旺，通风透光较差时，病害发展迅速；病害随钾肥增多而减轻，随氮肥增加而加重。

【诊断要点】

（1）田间诊断：覆盖在叶片表面的白色粉状物是诊断该病害的典型特征，白色粉斑随病害加重逐渐扩大成片，受侵染叶片组织变薄。

（2）显微镜观察：菌丝有隔，无色透明。分生孢子梗与菌丝垂直，大小为（80～120）μm×（12～14）μm，不分枝。分生孢子串生于分生孢子梗顶端，无色，单胞，圆筒形。

【防控方法】

（1）种植抗病品种。

（2）农业防控：适时早栽，在雨季到来之前采收，避开病害高峰期；合理稀植，南北起垄、缩小株距、加大行距，改善田间通透条件，结合及早摘除底脚叶，防病效果明显；合理控氮，增施磷、钾肥，多施农家肥和有机肥。

（3）药剂防控：在侵染前或发病初期，选用4%嘧啶核苷类抗菌素水剂或12.5%烯唑醇可湿性粉剂喷施防治，每隔7 d喷1次，连喷2~3次。

九、烟草煤污病

【发生分布与危害】

烟草煤污病又称为烟草煤霉病、烟草煤烟病，引致此病害的真菌是靠蚜虫或粉虱在叶表面的分泌物作为营养物滋生繁殖的数种腐生菌。该病主要发生于热带和亚热带地区，我国大部分植烟区均有发生，一般在蚜虫或粉虱为害严重的烟田里该病害发生较多，但总体危害性较小，属次要病害。

【症状】

在烟叶表面，尤其是在下部成熟的叶片上和被大量蚜虫为害过的烟叶上，散布煤烟状黑色黏霉层，多呈不规则形或圆形。由于霉层遮盖叶表，光合作用受阻，糖类化合物减少，致使病叶变黄，重病时叶片出现黄斑，叶片变薄，品质下降。若发生于调制后的烟叶上则导致腐败（图2-16）。

图2-16　烟草煤污病

【病原】

病原菌主要有链格孢菌（*Alternaria alternata*）、草本枝孢菌（*Cladosporium herbarum*）、出芽短梗霉菌（*Aureobasidium pullulans*）、枝状枝孢菌（*Cladosporium cladosporioides*）等。

【发病时期】

该病主要发生在大田生长中后期。

【侵染循环及传播途径】

蚜虫或烟粉虱等昆虫在下部叶及茎秆上排泄蜜露，腐生或附生真菌以其作为营养物，在病株上进行滋生繁殖。

【发病关键因素】

病菌随病株残体或土壤中的有机物越冬，主要靠蚜虫、粉虱的分泌物维持生活。在蚜虫或粉虱严重为害烟株、种植密度过大、通风透光不良的地块，阴湿天气时易发生此病，多在烟株中下部叶片发病。

【诊断要点】

田间诊断：叶片表面布满似煤污的浅黑色霉层，中下部成熟叶片受害严重。

【防控方法】

（1）及时防治烟田蚜虫和粉虱，是控制烟草煤污病发生危害的最佳措施。

（2）加强田间管理，合理密植，增加通风透光；及时采收底脚叶；注意田间排水，防止田间湿度过大。

十、烟草黑胫病

【发生分布与危害】

烟草黑胫病又名"腰烂病"，是一种广泛分布于世界产烟地区的最具有毁灭性的土传病害。我国烤烟种植区普遍发生，发生较重的地区有云南、贵州、四川、安徽、河南、山东、湖南、湖北和重庆等，已成为烟草生产中危害极为严重的根茎病害，一般发病率为10%～15%，重者达30%以上，在某些病害严

重的地块，发病率高达75%以上，常与青枯病混合发生，对烟草生产造成严重威胁。我国四川、云南、海南等雪茄烟种植区亦普遍发生。

【症状】

典型特征是根部和茎秆的髓部坏死，干缩呈碟片状，其间经常可以观察到白色菌丝。

[幼苗]当苗床期和移栽期的环境温度超过20℃时，烟苗即可开始发病，一旦被侵染，发病速度非常快。幼苗呈猝倒状成片死亡；移栽后的烟苗表现为整株萎蔫，随后叶片变黄，茎部出现黑褐色坏死，病部产生白色霉状物，直至整株死亡。根据烟苗苗龄不同，植株可以在几天或几个星期内萎蔫死亡。另外，烟苗侵染可以直接发生于茎基部，也可以发生于根部。

[根部]根尖和伤口是病原菌侵染的基本部位。初期呈水浸状，很快变为褐色坏死斑，并随发病严重程度扩展至大部分根系坏死，在根系定殖的病原菌快速向茎部蔓延，造成茎部特征性缢缩、黑色坏死和整株死亡。

[茎部]茎基部出现黑斑，围绕茎部的坏死斑可以沿茎向上扩展至超出地面30 cm以上，达到植株的1/3～1/2。纵剖坏死茎秆可以发现木质部与维管束间隙已坏死，维管束组织保持健康。干燥情况下，髓部组织干缩呈碟片状，布满白色菌丝；多雨潮湿时，孢子通过雨水飞溅从株杈等茎伤口处侵入，造成黑色坏死并在茎部形成"腰烂"，茎秆易从病斑处折断、整株枯死。

除根部侵染引起茎部坏死之外，病原菌也可以直接侵染茎秆，通常是从移栽烟时被埋在土下的老叶基部开始，引致茎部轻微的坏死，而根部不受影响，这种症状被称为"黑胫"，并且也能导致整株死亡。

[叶片]自下而上，逐渐变黄，若大雨后骤晴、高温，叶片凋萎，植株死亡，呈现"穿大褂"状。湿度大时，叶片也可以被直接侵染，由土壤中的游动孢子被雨水迸溅至叶片表面或直接接触地面的叶片引起侵染。坏死病斑一般为淡黄色、褐色或接近黑色的近圆形斑，病斑直径可达8 cm，俗称"黑膏药"，严重时病斑连片腐烂。病斑可沿着叶脉扩展至茎部进而导致秆坏死和整株死亡（图2-17）。

全株危害状——"穿大褂"

髓部碟片状

图2-17 烟草黑胫病

叶片"黑膏药"症状　　　　　　　　茎基部坏死症状

图2-17　烟草黑胫病（续）

【病原】

烟草黑胫病的病原菌为烟草疫霉（*Phytophthora nicotianae*），为藻物界卵菌门疫霉属。

［生理特性］黑胫病菌为半水生、喜欢高湿高温的兼性寄生菌，故黑胫病常发生在热带及亚热带地区。病菌生长最适温度为28~32℃；孢子囊产生的最适温度为25~30℃；游动孢子萌发的最适温度为20℃。在温度适宜的培养基中48 h即可产生大量的孢子囊。湿度越高越利于孢子囊萌发。光线有抑制萌发作用。游动孢子可在土壤中移动，最远可达52 cm。病菌在pH值为4~10的环境中均能生长，但以pH值为7~8时生长最好。

［致病力分化］根据寄主范围和致病力不同分化为4个生理小种（0号、1号、2号和3号）。2号生理小种仅发现于南非，3号生理小种仅发现于美国康涅狄格，目前仍以1号生理小种为优势小种。不同菌系在菌落形态、颜色、生长速度、生长适温、孢子囊形成数量等性状上存在差异。

【发病时期】

烟草植株各生育期均可受到黑胫病菌的侵染。但在苗期很少发生，主要对大田期烟株产生危害，多以团棵旺长前后发病普遍。一般盛发于现蕾期，其后病情发展趋于稳定或缓慢增加。

【寄主范围】

烟草黑胫病菌寄主范围广泛，绝大多数烟草属植物都能感染烟草黑胫病菌。还可侵染马铃薯、番茄、茄子、辣椒、棉花、柑橘、菠萝等90多种植物。

【侵染循环及传播途径】

［越冬和初侵染］烟草黑胫病菌主要以休眠菌丝体和厚垣孢子在病株残体、土壤和粪肥中越冬。病菌在土壤中可存活3年左右。厚垣孢子遇合适条件便萌发产生芽管，或者又产生孢子囊和厚垣孢子。初侵染主要由游动孢子通过直接入侵伤口或未木质化的根冠完成。

初侵染源主要是带菌土肥、灌溉水或带病烟苗等，尚未发现种子带菌现象。在田间，烟草黑胫病菌一般是通过流水进行传播。水流经被污染的土壤和病烟田，孢子囊和游动孢子即可顺水传播到所流经的田块，使病害逐步蔓延扩大。风雨和农事操作亦可将病土、孢子囊、游动孢子传到邻近烟株甚至其他田块。

［传播和再侵染］烟草黑胫病菌主要在距离表层5 cm内的土层中活动，故再侵染主要发生于近地表的茎基部伤口处，或是抹杈、采收所造成的伤口以及下部叶片的伤口部位。现蕾期后，茎开始老化，茎部伤口常成为主要侵入部位。

高温高湿条件下，土表或病株叶片上可产生大量繁殖体，游动孢子的繁殖可在3 d内完成，新形成的孢子囊和游动孢子便成为再侵染源。再侵染主要靠流水、风雨传播，其次靠农事操作传播，且可以重复多次发生（图2-18）。

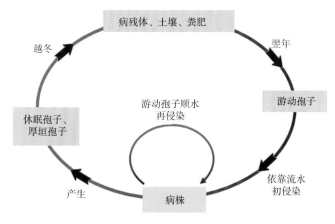

图2-18 烟草黑胫病侵染循环

【发病关键因素】

[发生规律] 整个生育期间，烟草黑胫病田间病情发展曲线呈"S"形。在南方植烟区，初病期出现在3月下旬至4月初；北方植烟区一般出现在5月下旬至6月上旬。现蕾前旺盛生长的幼嫩烟株比成熟烟株更易受侵染，为易感病阶段。苗龄越小越易感病，损失越大。现蕾后，茎基木质化，烟株进入抗病阶段，症状发展较慢。

[影响因素] 环境条件是决定烟草黑胫病发生早晚轻重的关键因素之一。环境条件主要指温度、湿度、降水量、土壤环境，尤以湿度和降水量对病情的发生发展影响最大。

烟草黑胫病是一种高温型病害，日均气温20℃以下基本不发病，在22℃以上田间才陆续出现症状。苗床期和大田初期，烟株虽处在易感病阶段，但由于气温偏低，病菌处于潜育期，所以很少造成危害。移栽期后温度升至28～32℃时，病害开始发展流行，此时潜育期仅2～4 d。

土壤湿度大或降雨有利于孢子囊和游动孢子的产生。在烟株感病阶段，只要土壤相对湿度达80%以上，并保持3～5 d，病情即可快速发展。因此，每次中大雨后不久，病情会显著加重，每次相对干旱后的温暖潮湿环境都会引起病株率的增加。

土壤条件对发病有一定的影响。地势低洼、土壤黏重且排水差的地块发病较重。土壤中钙镁离子多、高氮低磷的土壤也易发病。土壤中可交换性铝离子含量高，则能抑制病菌生长和繁殖。

耕作制度对病害有较大影响。多年连作可使抗病品种严重感病，故实行间隔2年以上的合理轮作可以显著减少田间烟草黑胫病菌的数量。

【诊断要点】

（1）田间诊断：苗期猝倒状，病部有白色霉状物；旺长期茎基部有缢缩的黑色坏死斑，叶片凋萎下垂呈"穿大褂"状，纵剖病茎可见髓部干枯呈碟片状，碟片间有稀疏白色丝状物；中下部叶片常产生圆形、水渍状暗绿色、近黑色的大型"黑膏药"状病斑。

碟片状特征不能作为诊断该病害区别于其他病害的唯一依据。雷击伤害也能造成髓部呈碟片状，但茎秆没有初始的坏死斑，碟片间也无白色丝状物，且碟片可以扩展至整个茎组织。

（2）显微镜观察：有气生菌丝，无隔透明，分枝多呈锐角；孢囊梗常从病组织中伸出，孢子囊顶生或侧生且可连续产生，呈梨形或椭圆形，有乳突。

（3）培养基上菌落形态：病菌可产生厚垣孢子，圆形或卵形，无突起。

【防控方法】

（1）种植抗病品种。

（2）农业防治：间隔2年或3年轮作，也可实行水旱轮作。应与禾本科作物进行轮作，避免与茄科作物轮作、间作。适时早育苗早移栽，使感病期避开多雨季节，减轻病害。高起垄高培土栽烟，烟地平整，易于排灌，可减少病害的侵染。及时清除病残体，减少侵染来源。

（3）药剂防控：目前常用杀菌剂有25%甲霜·霜霉威可湿性粉剂、58%甲霜·锰锌可湿性粉剂、80%烯酰吗啉可湿性粉剂、722 g/L霜霉威盐酸盐水剂等。可于移栽时、移栽后和病害初发期各施药1次。施药方法是向茎基部及其土表浇灌，叶面喷雾的防病效果较差。

十一、烟草镰刀菌根腐病

【发生分布与危害】

烟草镰刀菌根腐病是一种具有潜在危害性的根部病害，与烟草青枯病、黑胫病和根黑腐病常混合发生。在我国部分烤烟种植区如云南、贵州、山东、河南、福建、安徽和辽宁等地均有发生，一般病株率为3%~5%，近年来呈逐年上升趋势，是一种值得重视的根部病害。该病害在雪茄烟种植区偶发。

【症状】

［苗期］幼苗基部呈软腐状，叶片皱缩变褐，幼苗整株萎蔫倒伏死亡，潮湿时病部常有粉红色霉状物。漂浮育苗条件下，苗期一般不易发病（图2-19）。

［大田期］大田病株比健株显著矮小，长势不良，叶片易黄萎枯死，茎秆纤细。拔起病株，可见根部腐烂，须根明显减少，根系皮层极易破碎脱落，木质部明显变黑，并伴有粉红色、紫色等霉状物，接近地表部分常出现新生不定根（图2-19）。

大田苗期危害状

大田成株期危害状

图2-19 烟草镰刀菌根腐病

根部危害症状

图2-19　烟草镰刀菌根腐病（续）

【病原】

镰刀菌属（*Fusarium* spp.）的多个种均可导致烟草镰刀菌根腐病，其中以茄镰孢［*F. solani*（Martius.）］和尖镰孢（*F. oxysporum*）为主，还有共享镰刀菌（*F. commune*）、木贼镰刀菌（*F. equiseti*）等。它们均为无性类真菌镰刀菌属。

茄镰孢菌株气生菌丝产生紫色色素，能产生大型分生孢子、小型分生孢子及厚垣孢子；尖镰孢菌株气生菌丝白色，绒毛状，在PDA培养基上底部呈淡黄色或淡紫色。

【发病时期】

苗床期偶有发病，主要在大田期发病。

【侵染循环及传播途径】

［越冬和初侵染］以休眠菌丝体、分生孢子或厚垣孢子在土壤和病残体上越冬，成为翌年的初侵染源。主要侵染植物维管束系统，破坏植物的输导组织。

［传播和再侵染］病部产生大量的大、小分生孢子，借助风雨、流水、农事操作等传播方式进行再侵染。镰刀菌产孢能力很强，传播途径很多，除土传外还可以通过空气传播，多从茎基部及根系伤口处侵入或直接侵入（图2-20）。

【发病关键因素】

该病的发生与流行取决于寄主的抗病性、气候条件及土壤因素。

不同的烟草品种抗病性差异很大，种植感病品种是病害流行的重要因素之一；温度22～30℃且多雨的天气适宜发病；营养不良、地下害虫多、地势低洼、易积水和黏重的土壤易发病，沙质土壤发病较轻；烟田连作一般发病重。

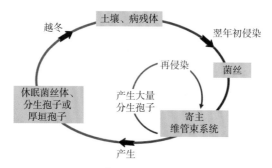

图2-20　烟草镰刀菌根腐病侵染循环

【诊断要点】

（1）田间诊断：病株明显矮小，茎秆纤细，叶片枯黄。地下部分主根停止生长，近地表有新生不定根；根系常有粉紫色霉状物。

（2）显微镜观察：茄镰孢菌株大型孢子呈月牙形，稍弯，向两端均匀变尖，有3～5个分隔；小孢子呈卵形或椭圆形，有0～1个分隔；厚垣孢子球形，单生或串生。

尖镰孢菌株大型分生孢子多为3个分隔，也有的4个或5个分隔，细长且顶细胞逐渐狭窄；小型分生孢子多为单胞，卵形或纺锤形，数量大；厚垣孢子顶生或间生。

【防控方法】

（1）种植抗病品种。

（2）农业防控：与禾本科作物轮作；增加营养，尤其增施钾肥；起垄栽培、避免在低洼易积水地栽烟，注意排灌结合，降低田间湿度；发病初期及时拔除病株并深埋；烟草根结线虫病、烟草黑胫病等混发田，应注意兼防兼治，减少复合侵染。

（3）药剂防控：移栽后10 d内，可轮换选用200亿CFU/mL枯草芽孢杆菌可分散油悬乳剂和70%甲基硫菌灵可湿性粉剂灌根，每隔7～10 d施用1次，连续2～3次。

十二、烟草白绢病

【发生分布与危害】

烟草白绢病又称为白腐病、南方疫病，常发生在冬季温度高的地区如热带和温带植烟区，在我国贵州、湖南、湖北、广东、广西、福建、安徽和山东等烤烟种植区均有发生。雪茄烟种植区偶发。烟草白绢病危害虽不严重，但要注意防止其发展蔓延。

【症状】

发病部位在成熟烟株接近地面的茎基部。受害部位初期呈褐色下陷斑痕，逐渐环绕茎部，随后产生大量白色丝绢状的菌丝，包裹茎基部。后形成油菜籽状菌核，初为白色，后变成黄色至茶褐色。随着病害发展，病株自上而下萎蔫并迅速黄化枯死。空气湿度大时，病部腐烂，最后只剩下松散如麻的纤维组织，植株倒伏枯死（图2-21）。

病部产生的白色棉绒状物（菌丝块）布满根皮外，故又称为白腐病。

全株症状　　　　　　　　　　　　　茎基部症状

图2-21　烟草白绢病

【病原】

病原菌是齐整小核菌（*Sclerotium rolfsii* Sacc.），无性类真菌小菌核属；有性世代为罗氏阿泰菌（*Athelia rolfsii*），担子菌门阿泰菌属。黑暗中的菌丝生长较快，光照对菌核的形成有利。

烟草白绢病菌的生长最适温度为30～33℃；菌核萌发最适温度为25～35℃；病菌生长最适湿度为93%～98%；菌丝的10 min致死温度为48℃，菌核10 min致死温度为50℃；病菌生长最适pH值为5。

【发病时期】

烟草白绢病在苗期和大田期均可发生，但多发生在大田后期。

【自然寄主】

烟草白绢病菌寄主范围很广，除侵染烟草等茄科植物以外，还可侵染羊齿类植物、苔藓植物和菊科植物等共55科180种以上植物。

【侵染循环及传播途径】

［越冬和初侵染］烟草白绢病菌主要以菌核及菌丝块在土壤中越冬，翌年菌核萌发成菌丝或者越冬菌丝遇到适当的寄主，即可开始初侵染。

［传播和再侵染］菌核在干燥的土壤中可以保持活力10年以上，但在水中或饱和湿度的土壤中则不能长久存活，且病菌经过动物消化道后仍有生命活力。可随土壤、农家肥和流水传播；再侵染通过病部产生的菌丝在土壤中蔓延，侵染邻近烟株，或通过病株与健株的相互接触而侵染，条件适宜时可以多次再侵染（图2-22）。

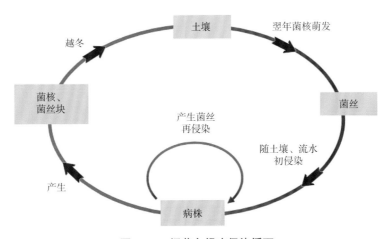

图2-22　烟草白绢病侵染循环

【发病关键因素】

病原菌喜高温，病害发生的最适温度为30～35℃，发生程度随温度的降低而减轻，15℃以下病害极少发生；土壤含水量高有利于病害的发展，大旱继大雨之后病害易暴发；烟株种植过密，通风透光不良有利于病害的发生；因病菌的好气性，沙土地病害发生重。

【诊断要点】

（1）田间诊断：病部产生的白色菌丝和小菌核为诊断此病的重要依据；

病株自下而上叶片变黄萎蔫至枯死；湿度大时，病部易腐烂，病株倒伏枯死；病株根部一般不腐烂。

（2）显微镜观察：菌丝白色至灰白色，有分隔，常有锁状联合。担子棍棒状，单孢无色。菌核多球形，表面平滑，初为白色，后变为茶褐色。

【防控方法】

（1）加强栽培管理：以轮作为主，旱地可实行3～5年轮作，最好与禾本科作物轮作，烟稻轮作是减少病害发生的有效措施。清除病残体。

（2）土壤处理：使用土壤熏蒸剂熏蒸土壤并暴晒。烟草生长中后期追施草木灰，必要时在烟株基部撒施草木灰。

（3）药剂防控：用50%甲基硫菌灵可湿性粉剂浇灌根部，可抑制病害的蔓延。

第三章

细菌病害

一、烟草野火病

【发生分布与危害】

烟草野火病是广泛分布于世界烟草种植区的一种细菌性叶部病害，也是我国烟草生产主要病害之一，部分地区称野火病为"火烧病"。主要危害烟草叶片，严重影响烟草的品质和产量，许多烟田发病率高达40%以上，甚至绝收。

【症状】

烟草野火病主要危害叶片，也可危害幼茎、蒴果和萼片等。

〔幼苗期〕发病时，烟株受害腐烂，幼苗密集、潮湿多雨的情况下，病害蔓延迅速，幼苗成片倒伏死亡，如被野火焚烧状。

〔移栽期〕偶有发生，主要侵染底脚叶，引致的病斑与叶片成熟期病斑一致。

〔大田期〕发病时叶片上首先产生褐色水渍状小圆点，直径为0.5～1.0 cm，周围有很宽的黄色晕圈。随后病斑中心产生褐色坏死小圆点，黄色晕圈变褐，成为圆形或近圆形的褐色病斑，直径达2～3 cm。高温高湿时病斑会扩大并融合成不规则大斑，上有不规则轮纹，表面常产生一层黏稠菌脓，后期破裂穿

孔；天气干燥时，病斑开裂、脱落，叶片破碎。在暴雨和晴天交替天气下，田间病害可迅速扩散蔓延，导致全田绝产（图3-1）。

嫩茎发病后产生长梭形凹陷病斑，初呈水渍状，后渐变褐色，周围晕圈不明显，略有下陷。蒴果、萼片发病后产生不规则小斑，病斑演变与嫩茎类似。

图3-1　烟草野火病

【病原】

烟草野火病病原为丁香假单胞菌烟草致病变种（*Pseudomonas syringae* pv. *tabaci*），属薄壁菌门假单胞菌属，革兰氏阴性菌。该菌产生一种非专化性毒素，导致病斑周围产生很宽的褪绿晕圈。

【发病时期】

烟草野火病是一种暴发性、破坏性的叶部病害，烟草苗床期和大田期均可发生，以团棵期、旺长期发生最为常见，危害最大。团棵期发病开始增多，旺长前期进入第二个发病高峰，病情稳定后或有所下降。打顶后15 d左右出现第三个发病高峰。若氮肥施用过多，天气多雨潮湿，发病高峰可维持到采收结束。

烟草野火病还可在晾晒期间继续发展，病斑面积扩大可达60%。

【自然寄主】

烟草野火病菌除侵染烟草外，人工接种还能侵染豇豆、大豆、番茄、辣椒、曼陀罗、心叶烟、菜豆、马铃薯、黄瓜、白菜、龙葵等，但不能侵染小麦、大麦、甘蓝、蚕豆、高粱等作物。各菌系间存在着生理和病理分化现象。

【侵染循环及传播途径】

［越冬和初侵染］烟草野火病菌的越冬场所包括土壤中的病残体、受污染的水源、粪肥、种子及苗床覆盖物（图3-2）。越冬后的病菌可经雨水飞溅或昆虫传播到寄主上进行初侵染。主要通过伤口或自然孔口侵入，侵染时需要高湿条件甚至水膜的存在，只有当叶片湿润时才能从气孔侵入。

［传播和再侵染］雨水冲溅或气流传播可引起再侵染。此外，跳甲、蚜虫和烟粉虱也可传播烟草野火病菌。长时间的风雨在叶片上形成的浸水区对细菌的侵染和传播极为有利，常在2~3 d内形成大病斑。

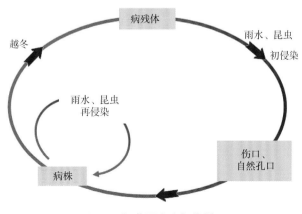

图3-2 烟草野火病侵染循环

【发病关键因素】

[温湿度]烟草野火病的发生流行程度与温湿度密切相关，最适病原菌生长和发病的温度为24~32℃，田间相对湿度与病害潜育期成正比。气候干燥、相对湿度低，野火病不发生或少发生；降雨多、湿度大时，叶片胞间充水，病菌可迅速侵染，产生急性大病斑，特别是暴雨或冰雹后，叶片上的大量伤口和穿孔有利于病菌侵入，容易导致野火病大流行。湿度直接影响野火病的流行速度，烟草连作也有利于野火病的发生，连作年限越长，发病越重。

[土壤因素]有机质含量低、土质板结且地下水位高的土壤发病严重。土壤高氮低钾也会导致病斑扩展加快。增施钾磷肥能提高烟株的抗病性，减慢病害流行速度。

[栽培]连作地发病较重。连作导致土壤健康状况恶化，增加病菌积累。虫害发生严重的植烟区也会造成野火病大流行。

【诊断要点】

（1）田间诊断：初始病斑小、油性，后变为褐色圆形坏死斑，且病斑周围伴有较宽黄色晕圈。野火病与赤星病易混淆，但赤星病的轮纹是规则的同心轮纹，而野火病的轮纹常常是弯曲的和不规则的。

（2）显微镜观察：不产生芽孢，单生，菌体短杆状，鞭毛单极生。

【防控方法】

（1）选用抗病品种。

（2）农业防治：培育无病壮苗，适期早栽。移栽后，合理施肥灌水，防止后期施氮肥过多，并适当增加磷、钾肥。及时补充叶面营养，也可以抑制病菌侵染。合理轮作，避免与大豆轮作，可与禾本科等非寄主作物轮作。烟叶收获后要及时清洁田园、清除病残，以减少翌年病菌来源。

（3）药剂防控：用1%硫酸铜溶液浸种10 min消毒，或直接播种包衣种子。苗床上喷洒波尔多液，团棵期、旺长期和打顶后于叶片正反面喷施波尔多液，可预防野火病和其他病害发生；发病期或初发生时，可选用5%中生菌素可湿性粉剂或50%氯溴异氰尿酸可溶性粉剂施药2次，施药间隔7~10 d，暴风雨袭击后，可再加喷1次，以免病菌从伤口侵入。

二、烟草角斑病

【发生分布与危害】

烟草角斑病又名黑火病,是广泛分布于世界烟草种植区的细菌性叶斑类病害。在我国各植烟区常年均有发生,一般发生在大田期,该病害具有暴发性、破坏性等特点,常与赤星病同时发生,流行年份甚至造成烟草绝产。

【症状】

烟草角斑病主要危害叶片,茎、花和蒴果等也可感病(图3-3)。

图3-3　烟草角斑病

最先发生在底部叶片上，初期为油渍状小点，后扩大为多角形或不规则形斑，受叶脉限制，病斑边缘明显，深褐色至黑褐色，有时病斑中间颜色不均匀，常呈灰褐色云状纹，病斑比野火病大，直径1～8 mm，有时可扩大至2 cm以上且可相互连接，形成一个大的角斑区，病斑周围晕圈不明显。叶脉也可受侵染变褐色，沿叶脉扩展形成条斑状。空气湿度大时，病斑表面有胶状菌脓溢出，且病斑较大。空气干燥时，病斑相对小且易破裂脱落，不产生菌脓。

感病的花萼和花冠变黑畸形，果实和茎上则形成黑褐色凹陷斑，病斑周围无黄色晕圈，与野火病相似，不易区分。

【病原】

烟草角斑病病原是丁香假单胞菌皱纹致病变种（*Pseudomonas syringae* pv. *angulate*），革兰氏阴性菌。该菌不产生毒素，因此病斑周围基本无褪绿晕圈。而烟草野火病菌能产生野火毒素，导致病斑晕圈。两者其他细菌学性状如形态、生理生化和血清学特性都相同或相似。

【发病时期】

烟草各生育期均可发生。但常在团棵期开始出现，以烟草生长中后期发生较重。

【自然寄主】

有学者认为只有烟草属（*Nicotiana*）是该病原的自然寄主；有研究表明人工接种还能侵染豇豆、大豆、番茄、辣椒、曼陀罗、心叶烟、菜豆、马铃薯、黄瓜、白菜、龙葵等，国内学者证实烟草角斑病菌可侵染番茄、辣椒、茄子等植物，但不能侵染大豆，这与国外报道不同，可能是不同菌株侵染所致。

【侵染循环及传播途径】

［越冬和初侵染］烟草角斑病菌的主要越冬场所是散落在田间和5～10 cm深土层中的病残体，烟草种子也可带菌越冬，并引起苗床期烟草角斑病。病菌从气孔或伤口侵入，以伤口侵入为主。其侵入途径和侵入方式同烟草野火病菌。

［传播和再侵染］主要借风雨、灌溉水和昆虫传播，土壤中的病原细菌经灌溉水或风雨反溅到叶片上，从气孔或农事操作产生的伤口侵入，形成再侵染。长距离传播则主要是依靠带菌种子。

【发病关键因素】

烟草角斑病的流行规律和影响因素均与烟草野火病相同。烟株本身的感病性还与叶龄和烟叶的部位有关，一般嫩叶比老叶易感病。

【诊断要点】

（1）田间诊断：叶片初始病斑呈水浸状，受叶脉限制最后变为黑褐色多角形病斑，边缘明显，病斑周围褪绿晕圈不明显。茎、蒴果等发病，形成黑褐色凹陷斑，与烟草野火病相区别。

（2）显微镜观察：无芽孢，无夹膜，杆状。

【防控方法】

（1）选用抗病品种。

（2）加强栽培管理：合理轮作，合理施肥。烟田尽量不重茬，种植高感的品种更要注意轮作；适量施用氮肥，增施磷、钾肥，增强烟株的抗病力。及时摘除感病底脚叶，保持田间清洁。清除杂草，消除可能来自杂草的菌源。

（3）药剂防控：参考烟草野火病防治方法。

三、烟草青枯病

【发生分布与危害】

烟草青枯病是一种典型的维管束病害，俗称"半边疯"，是由青枯雷尔氏菌（*Ralstonia solanacearum*）引起的一种毁灭性土传病害，其广泛分布于热带、亚热带和部分温带地区。目前，我国除了北方植烟区，其他植烟区均有青枯病发生，其中发病面积大、危害较重有四川、云南、海南等地的植烟区。该病直接影响当地烟叶产量和质量。烟草青枯病还常与烟草黑胫病和根结线虫病等混合发生，加重危害。

【症状】

［苗期发病］幼苗茎基部腐烂。较大烟苗的茎基部褐变，有时伴有皮层黑色坏死。

［大田期发病］病株半侧叶片迅速萎蔫软化，初呈青绿色，1~2 d后即表现为主脉和支脉坏死，叶肉组织黄化后形成网纹状的病斑，随后变褐变干。病

叶叶腋处有黑褐色坏死。地上部的茎一侧沿茎基部向上呈现褪绿条斑，逐渐半侧枯死变黑。严重时髓部呈蜂窝状或全部腐烂形成中空，但多限于烟株茎基部，这可与髓部全部中空的烟草空茎病相区别。横切病茎会发现髓部变黑褐色至黑色、腐烂且有恶臭的味道，挤压有菌脓溢出（图3-4）。发病后期，病株全部叶片萎蔫，茎秆变黑，根部变黑、腐烂。

图3-4 烟草青枯病

【病原】

烟草青枯病病原菌为青枯雷尔氏菌（*Ralstonia solanacearum*）。好气性细菌，革兰氏染色反应阴性。生长适温为18~37℃，致死温度为52℃（10 min）；生长适宜pH为4.0~8.0，最适为6.6，喜酸性环境。有报道称引起海南雪茄烟青枯病的病原为假茄雷尔氏菌*R. pseudosolanacearum*。

在寄主病残体上可存活7个月，在土壤或者堆肥中可存活2～3年，有的甚至达25年之久，但在干燥条件下则很快死亡。

【发病时期】

烟草青枯病在苗期和大田期均能发生，主要侵染期在大田早期，但症状发作高峰期在旺长期以后，一般在团棵期出现症状，旺长期达到发病高峰，发病期间随着田间气候的变化，可以出现一至多个流行高峰。直到成熟期病情仍可继续发展。

【自然寄主】

寄主以茄科植物为主，还能侵染豆科、蓼科、紫草科、凤仙花科等44科300多种植物，但不危害禾本科植物。

【侵染循环及传播途径】

[越冬和初侵染] 带菌土壤是烟草青枯病菌最重要的初侵染来源。病菌在土壤、粪肥、病残体和一些二年生寄主上越冬，翌年气温回升后病菌生长繁殖通过灌溉、施肥等农事操作进行传播，完成初侵染。

[传播和再侵染] 烟草青枯病菌主要通过农事操作和昆虫等造成的根部伤口侵染寄主，偶尔也通过次生根发育时所造成的裂口进入寄主根内。常常随着危害完成病菌的传播和侵染，病田流水是病害再侵染和传播的重要方式。但病害的再侵染对季节内的发病轻重影响不大（图3-5）。

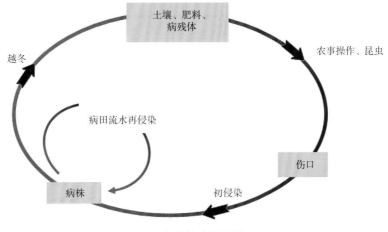

图3-5　烟草青枯病侵染循环

【发病关键因素】

［气象因素］烟草青枯病是高温高湿型病害，低温高湿或高温干旱均不利于病害发生和流行，研究表明，当日均温稳定在22℃以上且土壤湿度大时，病菌即可侵染烟株根系。实际生产中，高温多雨的季节，烟株也正处在旺长期和成熟期，此时植株迅速生长，抗病性降低，若降雨早、雨量大，病害极易大流行；地膜覆盖也常常会加重发病；暴风雨、久旱后遇暴风雨、时晴时雨的闷热天气均有利于病害的发生和流行。

［土壤因素］轻沙壤土不利于烟草青枯病发生，而沙质土及黏质土均有利于发病。此外，地势低洼、黏重、偏酸性土质的烟田发病重。连作导致菌体大量累积也是发病严重的主要原因之一。土壤缺硼，偏施或过量的施用铵态氮肥，中耕过多过深伤根，或土壤根结线虫和地下害虫危害造成大量伤口，都会诱发和加重烟草青枯病的危害。

【诊断要点】

（1）田间诊断：发病中前期，一侧叶萎蔫变黄，茎部出现褐色坏死条斑，横剖维管束，坏死变褐、腐烂，甚至中空，挤压维管束或叶柄有菌脓，单侧根变黑坏死，另一侧叶片和根系生长正常。

（2）显微镜观察：菌体短杆状，两端钝圆，无芽孢，无荚膜。

（3）菌落形态：菌落圆形隆起，黏稠平滑，紫红色的中部有云雾状乳白色。

【防控方法】

（1）种植抗病品种：这是最经济有效的途径。但大多数抗病品种品质不甚理想，且抗病品种往往最初几年表现抗病，随着种植年限延长，抗性逐渐丧失。

（2）加强栽培管理：培育无病壮苗；实行与禾本科作物等隔年轮作；适当增施磷、钾肥；对土壤偏酸性的植烟区，在栽烟前施用适量生石灰或白云石粉调整土壤酸碱度，可明显减轻青枯病的危害；起高垄，完善排灌设施，避免田间积水。

（3）药剂防控：可将105亿CFU/g多粘菌·枯草菌可湿性粉剂等浇泼苗床或移栽时穴施；团棵期到旺长期采用20%噻菌铜悬浮剂灌根；发病前后7 d喷施105亿CFU/g多粘菌·枯草菌可湿性粉剂，发病较重的田块可在移栽时结合定根水加施1次。此外，施药时保持土壤湿润有利于提高药效。

四、烟草空茎病

【发生分布与危害】

烟草空茎病，又名烟草空腔病，是一种细菌性病害，许多国家的烟草产区均有发生。烟草空茎病虽然分布广泛，但一般仅在局部造成严重危害，田块发病率为3%～10%。

【症状】

烟草空茎病菌可从茎叶的任何伤口部位开始侵染，但最常见的是从打顶、抹杈造成的伤口侵染髓部，由髓部向下蔓延使整个髓部迅速变褐腐烂，严重者完全消解成黏滑状物且伴有臭味，若遇干燥气候条件，髓部组织因迅速失水而干枯消失，呈典型"空茎"症状。病株叶片极易脱落，常常只留下烟株空茎。随着病程的发展，中上部叶片易凋萎，叶肉失绿并出现大片褐色斑块，有时叶肉腐烂仅残留叶脉；病原菌亦可从中下部叶片主脉或支脉的伤口侵入，形成的坏死斑沿叶脉或支脉向叶缘扩展进而引起叶片干腐（图3-6）。

图3-6　烟草空茎病

【病原】

病原菌是胡萝卜软腐果胶杆菌胡萝卜软腐亚种（*Pectobacterium carotovorum* subsp. *carotovorum*）和胡萝卜软腐果胶杆菌巴西亚种（*P. carotovorum* subsp. *brasiliense*），属于果胶杆菌属。

兼性厌氧菌，革兰氏染色阴性，不形成芽孢。适宜生长的pH值为5.3～9.3，以pH值为7.2最为适宜。最适生长温度为27～30℃，最高温度为37℃，39℃以上生长受到抑制，致死温度为51℃。

可合成并分泌大量果胶酶、纤维素酶等细胞壁降解酶，降解寄主的胞间层和细胞壁；除此之外，还可分泌效应子扰乱寄主细胞的抗病信号传导和新陈代谢，进而成功寄生并表现症状。

【发病时期】

从苗期到大田期均能发生，主要发生在成熟期。苗床期是否发病取决于育苗基质和种子是否带菌，以及育苗大棚内湿度的高低。大田烟草空茎病往往于打顶及抹杈时发生，特别是雨天操作时易造成流行。

【自然寄主】

烟草空茎病菌的寄主范围广，该病菌可侵染61科140余种植物，包括蔬菜、观赏植物和果树等。

【侵染循环及传播途径】

烟草空茎病菌的越冬场所为大田寄主、带菌土壤和腐烂的病组织等。病菌在环境中广泛存在，可通过带病种苗进行长距离传播，短距离传播媒介主要包括带菌土壤、水体、空气和昆虫等。可通过气孔、水孔和皮孔等自然孔口和伤口侵入，但以伤口侵入为主。

【发病关键因素】

影响烟草空茎病发生与流行的主要因子是降水量、持续降水的时间。降水多，持续降水时间长，病害发生早且重。此外，雨天打顶、抹杈的烟田发病较重。

【诊断要点】

（1）田间诊断：整个髓部变褐后呈水渍状软腐，消解成黏滑状物伴有臭味。发病后若遇干燥气候条件，髓部组织因迅速失水而干枯消失，呈典型"空茎"症状。叶肉组织腐烂仅残留叶脉，叶片陆续脱落，常常只剩下烟株光秆。

（2）显微镜观察：无芽孢，无荚膜，形态为杆状，大小为（0.5~0.8）μm×（1.5~3.0）μm。

（3）菌落形态：菌落为亮白色至乳白色，边缘圆形或不规则形。

【防控方法】

（1）严格控制育苗基质消毒和育苗大棚内的湿度。

（2）加强栽培管理，施用充分腐熟的有机肥，降低病原菌侵染的风险；疏通排水沟渠，保持雨后田间无积水；烟株发病后，及时拔除并带出田间彻底销毁。

（3）农事操作应在晴天露水干后进行，打顶抹杈应尽可能使伤口光滑平整以促进伤口愈合，避免打顶工具的交叉使用，降低交叉感染的概率；推广使用抑芽剂抑芽。

（4）在烟叶成熟期，用80%乙蒜素乳油或其他防治细菌病害的农药喷施1~2次，可减轻病害的发生。

第四章

线虫病害

烟草根结线虫病

【发生分布与危害】

烟草根结线虫病又称烟草根瘤线虫病，是由根结线虫（*Meloidogyne* spp.）引起的一种土传病害，主要危害烟草的根部，严重影响烟草的健康发育。该病是世界各植烟区主要病害之一，常发生于热带、亚热带、暖温带，田间发病率一般为30%，重者达50%～70%，少数地块甚至绝产，在我国四川、云南、湖北等省份植烟区发生较重。

该病较其他线虫病害发生范围更广、造成的损失更大、防治难度大（轮作、增肥效果有限，品种专化性不高，抗性易变，土壤消毒成本太高，对多年生果木、种根几乎无法防治），除了对烟草造成直接危害外，其造成的伤口有利于病原菌的侵染，可与黑胫病菌、青枯病菌、镰刀菌根腐病菌、根黑腐病菌等引发复合侵染，导致烟株长势衰弱，加重危害。有些线虫还是某些病毒的传毒媒介，因此需要引起高度重视。

【症状】

烟草根结线虫病为线虫从根系侵入、整株发病的系统性病害（图4-1）。

　　[根部] 幼苗期发病时，根系发育不良，形成米粒大小的根结，须根减少；旺长期至成熟期发病时，根部根结小至小米粒，大至花生米，多为圆形、纺锤形或不规则形，有时一条根上可串生多个根结，发病后期土壤湿度大时根系坏死腐烂呈鸡爪状，只残留主根和侧根。

　　[叶片] 幼苗期发病时，叶片呈黄白色；旺长期至成熟期发病时，叶片变黄易凋萎，似缺肥或缺水状，下部叶片的叶尖、叶缘褪绿变黄，严重时坏死、焦枯，有的整片干枯变黑。植株明显矮化，叶片少而且小。

　　[烟株] 染病植株矮小且生长缓慢，在干旱条件下更加明显。高温午后有时出现整株萎蔫，因为线虫侵染根部直接影响烟株吸收营养和水分，并且增加次级病原菌（如镰刀菌*Fusarium* spp.）侵染机会。

图4-1　烟草根结线虫病

【病原】

烟草根结线虫病病原为根结线虫（*Meloidogyne* spp.），属于线虫门侧尾腺纲垫刃目异皮线虫科（Heteroderidae）根结线虫属（*Meloidogyne*）。

［致病性分化］目前我国主要植烟区根结线虫为混合种群，主要有4种，分别是南方根结线虫（*M. incognita*）、爪哇根结线虫（*M. javanica*）、花生根结线虫（*M. arenaria*）和北方根结线虫（*M. hapla*），其中南方根结线虫为优势种，分布最广，危害最重，不同地区分布略有差异，又可分为1号、2号、3号、4号生理小种，以1号生理小种为优势种。

［幼虫］1龄幼虫在卵壳中发育；2龄幼虫呈线形，有侵染能力；3龄幼虫呈豆荚形；4龄幼虫形状比3龄幼虫更粗，并有小的尾部；4龄之后是年轻的雌雄虫阶段，在此阶段其生殖系统尚未完全发育成熟，当发育成熟后便进入成虫阶段。

［雌成虫］呈梨形、卵形或柠檬形，颈部细长，表皮薄，有环纹，无尾部。会阴有花纹，是分种的主要依据。

［雄成虫］呈长圆筒形，体表有清楚的环纹，尾部短而钝圆。

【发病时期】

烟草根结线虫病从苗床期至大田生长期均可以发生。苗期因温度低，危害轻，症状不明显。随着烟株生长，危害程度逐渐加重。

【自然寄主】

根结线虫寄主分布范围广，多达3 000多种植物，可以根据鉴别寄主进行根结线虫种类的鉴定。国际上推荐的鉴别寄主有烟草、棉花、辣椒、西瓜、花生、番茄。

【侵染循环】

［越冬和初侵染］土壤病残体中的卵及幼虫是烟草根结线虫病的主要越冬场所和初侵染来源，其次为田间其他作物寄主或杂草寄主。

根结线虫在田间土壤表面5～30 cm的范围内生存。卵孵化后的2龄幼虫在土中短距离游动，从幼嫩根的伸长区细胞侵入，以纤细吻针对细胞进行频繁穿刺，插入内皮层或中柱外取食，随即固定生长繁殖。线虫食道腺可分泌多糖酶或生长调节剂，刺激寄主细胞增大，形成比正常细胞大15～20倍的多核巨细胞，使寄主光合产物及胞质均向巨细胞集中，根组织内的激动素水平升高，同时侵入点周围的细胞组织也因受到刺激而增生，根停止生长，在小根的根端形成棒槌状根结。烟草根结线虫一般一年可发生4~7代。

［传播和再侵染］通过土壤和灌溉水、雨水及地表水等传播，带病粪肥也是侵染来源，农事操作时病土可随人畜活动、耕翻、农具以及灌溉水进行传播（图4-2）。

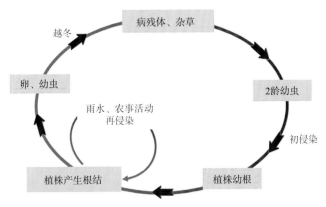

图4-2　烟草根结线虫病侵染循环

【发病关键因素】

烟草根结线虫生活周期易受温度、降水量、烟草品种等因素的影响，导致了其发病规律的多样性。土壤温度对烟草根结线虫病的发生起主导作用，其次为土壤质地及含水量，土壤酸碱度对该病影响不大。在低温（≤10℃）或高温（≥36℃）时线虫难存活，故很少发生侵染；22~32℃最适宜侵染，特别是在25℃时产生的根结数量最多。线虫喜在轻质、透气好的土中活动。温暖地区轻沙质土或沙壤土含氧量高，通气性好，捕食性天敌少，线虫病较重；黏重土壤对线虫发生不利。一般土壤相对湿度40%~80%时适宜线虫活动。干旱年份发病重于多雨年份。

品种间抗病性也有差异。

【诊断要点】

烟草根结线虫危害的症状与缺水或缺肥类似，烟农常将其误认为是干旱或营养缺乏所致，容易被忽略，最后造成不可挽回的损失。

田间诊断：症状主要出现在团棵期之后，地上部烟株生长受阻、变黄和枯萎，土壤干旱时症状较重，主要为叶尖边缘焦枯。根部明显肿胀，且有大小不等的根结，是根结线虫侵染烟草根部的典型症状特征。撕开根表皮后可发现粒状雌虫和卵块，须根明显减少，只残留主根和侧根，似"鸡爪状"，严重时腐烂中空，只留根皮和木质部。

若土壤中线虫密度较高，田间的症状呈补丁状分布。当线虫危害较轻时，地上部症状不明显。

线虫形态学鉴定：雌虫的会阴花纹，2龄幼虫的口针、体长和尾长等多项指标可作为种水平的鉴定依据。

【防控方法】

（1）种植抗病品种。

（2）农业防治：主要包括实行3年以上的轮作，水旱轮作最佳，避免与茄科、葫芦科蔬菜和花生等轮作；培育无病壮苗；适时早栽，多施有机肥，合理灌溉。

（3）通过土壤生物修复，生态炭肥处理土壤对根结线虫防效为75%～80%。

（4）药剂防控：移栽时，采用穴施药土法，可选用3%阿维菌素微胶囊剂15 kg/hm^2、10%噻唑膦颗粒剂22.5 kg/hm^{2}等，移栽时拌适量细干土穴施。若起垄时沟施，选用上述药剂则应适当增加用药量。

第五章

烟草病害绿色防控原理、措施及实践

一、综合防控原理

绿色防控，是在2006年全国植保工作会议上提出"公共植保、绿色植保"理念的基础上，根据"预防为主、综合防治"的植保方针，结合植物保护的现实需要和可采用的技术措施，形成的一个技术性概念。

烟草病虫害绿色防控的内涵就是坚持新发展理念，以生态优先、绿色发展为导向，遵循有害生物综合治理（IPM）基本原则，采用农业防治为基础、生物防治为重点、物理防治为辅助、化学防治为补充的总体思路，有效控制农作物病害，确保烟草生产安全、烟叶质量安全和植烟区农业生态环境安全，进而达到烟草增产、增收的目的。

技术原则：遵循病虫害综合治理原则。综合利用生物防治、保健栽培、生态调控、理化诱控和精准施药等环境友好型技术措施，形成利用天敌昆虫立体防控烟草害虫和利用生防菌剂替代化学药剂防治烟草病害的综合技术体系，最大限度地减少化学农药使用。

操作原则：操作应遵循轻简、规范、标准的原则。

（1）分区治理。针对不同区域生态条件、病虫害发生特点和品种布局，

实施分区分类防控，保障技术大面积应用，着力解决关键性问题。

（2）分类防治。根据不同病原物进行病害类型的归纳，对症下药、因地制宜，确保施药精确，避免乱施药、施错药等情况发生。

（3）突出重点。通过技术熟化开发和组装配套的规范化和标准化，实现复杂技术的轻简化，降低防治成本，减少劳动力投入，确保绿色防控获得最优投入产出比。

绿色防控就是尽量不采用化学农药，最大限度减少农药带来的毒副作用和残留污染等而采用的病虫害控制技术，以烟田生态系统为整体，以烟草为主体，以烟田主要有害生物为靶标，围绕烟草-害虫-天敌系统、烟草-病原物-微生物系统，通过农业防治、生物防治、物理防治、生态防治和精准施药五大技术，降低农药使用风险，提升绿色防控技术对烟田主要有害生物的控制效能，为我国烟区农业可持续健康发展提供支撑。

烟草绿色防控工作必须在充分认识烟草有害生物发生发展规律的基础上，在生态学、系统科学的指导下，采用绿色农业措施，保证烟草自身生长的前提下充分发挥其对病虫害的抗性；发挥病虫害预测预报系统的作用，调查病虫害发生情况，及时传递有关预报信息，预测病虫害发展趋势，提出综合防控措施，把烟草病虫害控制在经济危害水平之内。

二、绿色防控基础措施

（一）农业防治

1. 选育、种植抗病品种

选育并种植抗病品种是烟草病害防治最经济有效的策略，不仅能显著减轻经济损失，还能大幅减少农药的使用量，降低农药残留。自20世纪60年代起，我国成功将净叶黄作为赤星病抗病育种的抗原亲本，并随后培育出了一系列针对不同病害具有显著抗性的烟草品种。一些烤烟品种在实际生产中得到了广泛应用，如中烟90对3号小种黑胫病表现出较强的抗性，G28对根结线虫病具有较强抗性，云烟301则对马铃薯Y病毒病抗性较优。而对于雪茄烟品种的抗性研究相对较少，美国培育出的雪茄烟品种Beinhart1000-1对赤星病和黑胫病均具有较高的抗性，MD40和KY907高抗烟草普通花叶病毒病和野火病，其中KY907还高抗根黑腐病，中抗蚀纹病毒病和枯萎病。在选择烟草品种时，应该因地制宜，确保所选品种与环境的适配度。此外，后期的田间管理、烟叶质量等要素也不容忽视，应选择那些具备高产、优质、抗病、耐旱、抗涝等多重优势的烟草品种，从而在提升绿色防控水平的同时，确保烟叶质量。

2. 合理轮作、套作

连作严重影响了烟叶产量和质量的稳定和提高。一方面，烟草连作会使烟株生长发育迟缓，农艺性状和生理指标变差，产量降低，导致烟叶中的化学成分发生变化，进一步影响烟叶的品质；另一方面，连作为病原菌的繁殖与传播提供了有利环境，导致烟草的病害加重，给烟叶生产造成严重损失。烟草轮作和套作模式是为了实现土壤肥力的恢复、减少病害的发生、提高烟叶产量和质量而采取的重要农业措施。轮作是指在同一块土地上，在季节间或年间轮换种植不同的作物或作物组合的一种种植方式，不同的作物对病害的抗性不同，轮作可以降低病害的发生率和病原菌的积累量，如稻烟轮作是最常见的轮作方式之一，烟草与玉米、小麦等作物进行轮作，也可以抑制、减少发病机会。套作是指在同一块地上交错种植不同作物，这种方式也可以有效地减少病害的传播和扩散，如豆类作物可以固氮，为烟草提供氮源，同时豆类作物的根系分泌物还可以抑制烟草病害的发生。通过合理安排轮作和套作，可以阻碍或延缓介体和病菌传播，丰富田间生物多样性，显著减轻烟草病害的危害，还可以改善土壤环境，提高土壤肥力，从而进一步提高烟叶的产量和品质，为烟草的可持续种植奠定基础。

3. 翻耕整地

翻耕整地是农业防治策略的重要部分，可通过合理的翻耕整地措施，配合其他农业防治措施，减少病害的发生。翻耕后，土壤中的大部分病原菌被深埋于土壤底层或被暴露在土壤表面，切断了病原的传播途径，并通过紫外线照射、高温暴晒等方式杀灭病原菌。同时，翻耕可以加深土壤耕作层，使土壤理化性状得到改善，土壤的透气性和蓄水保墒能力得到提高，这种改善不仅有利于烟草根系的生长，也为好气性土壤微生物提供了更适宜的活动环境，进而加速了有机质的分解，释放出更多的速效养分。翻耕结合施用有机肥料，肥料能够更好地融入土壤，提高土壤养分的有效性，促进土壤熟化和肥力提升，使有机肥料发挥出更大的效益；翻耕配合施用微生物复合肥能显著降低土传病害的发病率，这可能是因为生物炭不仅能够改善土壤结构，还能为生防菌提供丰富的养分和适宜的生存环境，从而增强了生防菌在土壤环境中的存活和繁殖能力。在实施翻耕整地时，应确保翻耕深度适宜，一般为20～30 cm，避免过深打乱土层结构，对烟草生长造成不利影响。翻耕前要对田间杂草、病残体等进行清理，并集中销毁，减少初侵染源。

4. 保健栽培

培育无病壮苗、良好的栽培措施有利于避免烟草病害的发生流行。烟草苗期的健康生长对后期病虫害的防控、烟叶的优质稳产具有重要意义，烟草在苗期易受到不良环境的影响和周围一些病原的侵染和危害，加强苗期管理，创造有利于烟苗生长的环境条件，并适当结合喷施保健药剂，提高烟株抗逆性，培育出无病壮苗，可为烟草在大田期的生长奠定扎实的基础。

从育苗到移栽，再到大田管理，每一步都需要精细操作，以确保烟草的健康生长。如苗床期使用银灰膜和防虫网技术、远离菜地等区域设置苗床等，能有效预防和控制病毒病等病害的源头传播。移栽时，高垄培土栽培、适时移栽、合理密植等措施能显著减轻青枯病、赤星病、黑胫病等常见病害的发生程度。注意加强卫生管理，对育苗场所进行消毒处理，使用清洁的育苗用水和基质，防止病虫害的传播和蔓延；在移栽过程中，注意剔除病苗和弱苗；在田间管理过程中，及时清除杂草和病残体，保持田间通风透光状况良好，有助于预防病害的发生。

同时，需要根据烟草的生长阶段和气候条件，合理调控温度、水分、日照和土壤条件，确保烟草在最佳的生长环境中生长。避免过高或过低的温湿度对烟草的生长产生不利影响，在高温季节要注意通风降温、在低温季节要注意保温防寒等。通过精准施肥，尽可能减少化学肥料的固定与积累，有效减少污染，大幅提升肥料利用率，合理施用有机肥和绿肥能够改善烟叶化学成分协调性，控施氮肥、增施磷钾肥及中微量元素肥料，能提高烟草的抗病性。

（二）生物防治

1. 植物病害生物防治的定义及作用方式

广义的植物病害生物防治是指使用自然的或人工改造的生物体、基因产物等多种生物因素来降低有害生物的作用。主要包括：用一种或多种有益微生物来抑制或消灭引起植物病害的病原菌，即以菌治菌，有益微生物如细菌中的枯草芽孢杆菌、真菌中的木霉菌、放线菌中的链霉菌等；利用微生物的代谢产物来防治植物病害，包括从微生物的代谢或发酵产物中提取的抗生素类化合物，如春雷霉素、多抗霉素、井冈霉素、宁南霉素等，这些杀菌剂常被称作农用抗生素；从植物组织中提取的生物活性物质包括苦参素、苦楝素、印楝素、鱼藤酮、除虫菊、烟碱等；人工合成的具有调节生长、干扰或引诱等特殊作用的天然化合物；基因工程微生物；以及通过生物多样性发挥防治病害的作用。

狭义的植物病害生物防治就是指利用自然界中某些有益微生物或其代谢产物来控制植物病害的方法。

生物防治的作用方式主要包括抗生、竞争、重寄生、溶菌、诱导抗性、生物多样性与植物微生态调控等（图5-1）。

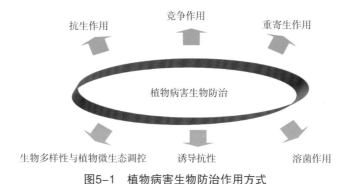

图5-1　植物病害生物防治作用方式

（1）抗生作用。

抗生作用是指生防菌能够产生某种物质（抗生素、抗菌肽等）杀死或者抑制病原微生物的现象，在培养皿上生防菌或其代谢产物对病原菌的作用形式即抑菌圈（图5-2）。

同一生防微生物可以产生多种抗生素，不同的生防菌也可产生相同的抗生素。如芽孢杆菌、木霉、假单胞杆菌、放线菌都能分别产生各种抗菌物质（图5-3）。

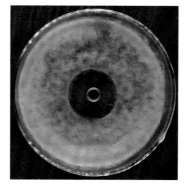

图5-2　生防菌代谢产物对烟草赤星病菌产生抑菌圈

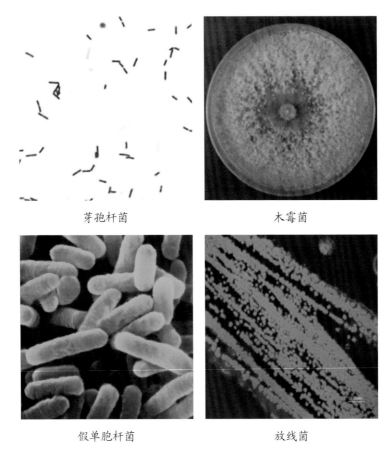

芽孢杆菌　　　　　　　　　　　　　木霉菌

假单胞杆菌　　　　　　　　　　　　放线菌

图5-3　常见生防菌

（2）竞争作用。

竞争作用是指微生物间在生活空间和营养物质不足时，两种或多种微生物群体对同一种资源的同时需求发生的争夺现象，这种争夺可能涉及对营养物质、氧气、生长空间以及宿主资源的竞争。生防菌能优先占领一定的生存空间，在病原与植株间形成一个隔离带，使病原不易侵入。空间竞争、位点竞争、营养竞争是拮抗菌的主要作用方式。

（3）重寄生作用。

重寄生作用指拮抗微生物寄生于病原菌表面或体内，通过对病原菌的识别、接触、缠绕、穿透和寄生等一系列连续复杂过程，包括抢占位点抑制病原菌的生长；分泌胞外酶溶解细胞壁，穿透寄主菌丝进而将病原菌杀死；或者产生抗菌肽等抑菌物质抑制病原生长和繁殖等机制抑制或者杀死病原。

（4）溶菌作用。

溶菌作用是指病原微生物的细胞壁或细胞膜由于内在或外在因素的作用而溶解的现象。拮抗微生物可以产生具有溶菌活性的酶，如溶菌酶、几丁质酶、纤维素酶等，这些酶能够特异性地作用于病原菌的细胞壁或细胞膜成分，导致细胞壁的破裂或细胞膜的溶解，从而使病原菌失去完整性并死亡。拮抗微生物还会产生具有溶菌活性的次级代谢产物，以及通过物理和化学作用破坏病原菌的细胞结构。

（5）交互保护作用。

交互保护是诱导抗性的一种，指如果植物先感染了一种病毒或病毒株系后，对其他病毒或病毒株系的侵害产生抑制作用。先感染的病毒叫保护株系，为弱毒株系，而后侵入的病毒叫攻击株系，为强毒株系。交互保护可以在种内不同株系间发生，也可以在不同种甚至不同类型的病原物之间发生；可以是系统性保护，也可以是局部保护；可以是暂时保护，也可以是较永久性的保护。

（6）诱导抗性。

植物诱导抗性是植物受到外界物理、化学因素或者生物因素等侵袭时所产生的一种获得性抗性。诱导抗性作为植物免疫体系的功能，具有非专化性、系统性、持久性以及无公害的特性，其应用可达到多抗、高抗和环境保护等多种目标。

（7）生物多样性。

生物多样性是对所有生物种类、种内遗传变异及其生存环境的生态系统的总称。植物病害发生的实质是因其系统中生物多样性的结构和动态平衡失调，如寄主植物品种的组成和布局的变动、病原物数量及其致病性的变异、正常微生物种群及其生态环境的变化所致。

利用生物多样性控制植物病害，是植物病害防治新的发展方向。通过利用作物品种间的遗传差异，可以选择和种植具有抗病性的作物品种，从而大面积抑制病害的发生；通过增加农业生态系统中生物种类的多样性，可以增强系统的稳定性和抵抗力，从而减轻病害的发生；还可以通过增加土壤微生物的多样性，提高土壤的肥力和抗病性，从而减轻植物病害的发生。

（8）植物微生态调控。

植物微生态是植物体表、体内的正常微生物群及其宿主植物的细胞、组织和器官及其代谢产物的微环境，是长期进化过程中形成的能独立进行物质、能

量及基因相互交流的统一的生物系统。

微生物与植物的关系极为密切，植物体上的微生物种类很多，绝大部分属非致病微生物甚至是有益微生物群落，它们和植物体组成微生态系统（图5-4）。这个系统是动态变化的，具有一定的特异性、区域性和层次性。由于植物病害的发生都是微生态系不同程度的失调或菌群失调所致，因此植物病害防治须考虑发病部位微生态的功能和结构。植物微生态中，研究较多的微生物是根际（围）生物、叶际（围）微生物和内生微生物。

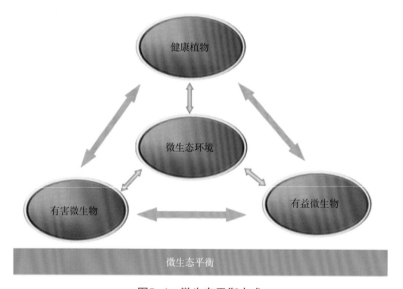

图5-4　微生态平衡方式

①根际微生物。

根际土壤区域内的微生物种群统称为根际（围）微生物，包括真菌、细菌、放线菌和原生动物等，以细菌最为主要，其中又以革兰氏阴性细菌占优势。研究较多的植物根际促生细菌是一类能够高密度定殖在植物根际的微生物类群，兼有抑制植物病原菌、植物根际有害微生物以及促进植物生长并增加作物产量的作用，由此受到人们关注。其次为放线菌和真菌，根际效应一般不明显。

②叶际微生物。

叶际微生物又称叶表和叶面微生物，指附生或寄生于植物叶部的微生物。植物叶围的某些微生物可通过拮抗、竞争、促生以及诱导植物抗性等作用抑制植物病害的发生发展。如烟草叶际分离出的芽孢杆菌具有植物内生菌的潜力，能有效抑制烟草赤星病和病毒病的病害发展。

③内共生微生物。

内共生微生物是指生活在植物体内，通常被宿主细胞膜包围或是细胞基质包围，与宿主植物互惠共生的一类微生物，主要包括真菌、细菌和放线菌等。植物和内生菌间具有一定互惠互利的生物关系，即植物为内生菌提供生存环境和所需的光合物质和矿物质，而内生菌则为宿主植物或体内其他微生物提供酶类等代谢产物，促进植物主要代谢物合成和生长发育，提高抗逆力。

植物微生态的生防机制主要为通过调控生态环境与有害微生物（病原物）间的平衡，调节寄主细胞组织与有害微生物的平衡，协调植物体内的内共生菌与病原微生物的平衡等，从而达到防病的目的。

2. 农用抗生素的研究与应用

（1）发展历史。

农用抗生素的研究始于20世纪50年代，最初是在美国、英国、日本等国家随医用抗生素的使用发展起来的，如使用医用抗生素链霉素、土霉素、灰黄霉素等来防治植物病害等，但由于其成本和性能竞争不过化学农药，一直发展缓慢。虽然相继有放线菌酮、抗霉素A以及一些多烯类农用抗生素问世，但直至1959年日本成功研制出灭瘟素-S，并于1961年大面积应用于稻瘟病的防治，基本上取代了有机汞制剂在防治稻瘟病上的应用后，才标志着农用抗生素的生产进入了工业化的新时期。之后，又相继开发出了春日霉素、多氧霉素等高效低毒的抗生素。70年代开发的有效霉素以它的高效、安全、经济性，代替了化学农药有机砷制剂，成为防治水稻纹枯病的主要药剂。此后，农用抗生素的研发逐渐扩大到治虫、除草、抗病毒、食品保鲜、饲料添加和植物生长调节剂等方面。

我国农用抗生素的研究起步稍晚，但发展迅速。20世纪50年代主要针对水稻稻瘟病、水稻纹枯病、水稻白叶枯病等筛选抗生素，虽然获得了一些有效的菌株，但由于毒性大或药效不稳等原因，无一大规模生产；60年代开发成功了放线菌酮和灭瘟素，并实现了工业化生产；70年代后，农用抗生素的研制进入盛期，相继开发成功春雷霉素、庆丰霉素、井冈霉素、多抗霉素、公主岭霉素、农抗120等一系列高效抗生素。进入20世纪90年代，农用抗生素的研究又

进入一个新的发展高潮，陆续研制出中生菌素、武夷霉素、宁南霉素等。

农用抗生素的迅速发展和新产品不断投放市场，使得该领域的研究方兴未艾，一些发达国家都在加紧开发，如俄罗斯、美国、日本、德国、意大利、印度、丹麦等国已把农用抗生素的研究开发列入国家重点计划。

（2）农用抗生素的特点。

①化学结构繁杂，比一般化学农药的有效成分更为复杂。

②活性高，选择性强，极低的剂量浓度对病原物起到良好的抑制效果。

③与环境相容性好。农用抗生素是生物合成的天然物质，较易在自然界的大循环中降解。一般而言，它不易污染环境，对非靶标生物影响较小，不致破坏生态平衡。

④很多农用抗生素对高等动物和非靶标生物的毒性很低，均属低毒级。

⑤生产原料多为可再生性资源。农用抗生素的生产通常采用发酵工程进行大量生产，所用原料多为农副产品，如淀粉、葡萄糖等由植物利用太阳能光合作用产生的再生性资源。

⑥生产设备通用性强。与化学农药不同，农用抗生素所用的发酵设备具有通用性，只需变换菌种，就可以改变生产品种，且一套设备在不同时期可生产多个产品。

（3）农用抗生素的主要组分。

农用抗生素抗生物质的化学结构通常较为复杂，有的不是单一的化合物，而是由多种成分或同系物组成的混合物，同时，化学结构相似而作用机理不同的也有很多。从化学结构考虑主要有以下几种：氨基糖苷类抗生素（如春雷霉素、井冈霉素）、核苷类抗生素（如农抗120、灭瘟素、多氧霉素）、核苷肽类抗生素（如宁南霉素）、多烯类抗生素（如制霉菌素、放线菌酮）、四环素类抗生素（如土霉素、四环素）、甲氧基丙烯酸酯类抗生素（如白肽霉素）、大环内酯类抗生素（如阿维菌素、浏阳霉素、多杀菌素）等。

（4）农用抗生素的杀菌机理。

①作用于真菌细胞壁。

细胞壁的主要作用是保护真菌免受周围环境的机械损伤和渗透压改变的影响。抗生素能抑制真菌细胞壁的合成，使细胞壁变薄或失去完整性，造成细胞膜暴露，最后由于渗透压差导致原生质渗漏。多抗霉素和多氧霉素D是作用于真菌细胞壁的抗生素，主要引起真菌菌丝芽管和菌丝尖端出现膨大。多氧霉素D是几丁质合成酶的竞争性抑制剂，能竞争性地和几丁质合成酶结合，抑制该酶的活性，从而抑制真菌细胞壁的合成，造成菌丝顶端膨大，不能生长而死亡。

②作用于菌体细胞膜。

细胞膜是一种半透性膜，是细胞的选择性屏障。有些抗生素作用于细胞膜，破坏其屏障功能。如纳他霉素作用于真菌细胞质膜中的麦角甾醇，损伤细胞质膜，造成细胞内物质的泄漏，从而起到杀菌作用，它对细胞膜中无甾醇的有机体无效。灰黄霉素等多烯类抗生素能与真菌细胞膜中的胆固醇结合，破坏膜的结构，使内含物泄漏，从而具有杀真菌作用。

③作用于蛋白质合成系统。

蛋白质的合成是细胞生长最基本的活动，它的合成受到抑制，必定抑制微生物的生长。作用于蛋白质合成系统的农用抗生素很多，如杀稻瘟菌素-S、春雷霉素、放线菌酮、链霉素等，其作用机制也研究得比较深入。杀稻瘟菌素-S能强烈抑制 ^{11}C 谷氨酶掺入蛋白质，从而抑制菌丝蛋白质合成，还可作用于核糖体中肽的形成过程，通过与核糖体亚位50S结合，使转肽酶失去活性，从而抑制肽链伸长。春雷霉素也能阻碍微生物细胞的蛋白质合成，但作用位点和作用阶段不同，主要是通过作用于核糖体亚基阻碍蛋白质合成。武夷菌素也能干扰病原真菌蛋白质的合成，造成菌丝原生质渗漏，致使菌丝畸形生长，从而达到防治病害的效果。

④作用于能量代谢系统。

海藻糖是水稻纹枯病菌的主要储存糖，海藻糖酶能分解海藻糖为葡萄糖，使其在菌丝体内运输。井冈霉素是作用于病原菌能量代谢系统的抗生素，对纹枯病菌（*Rhizoctonia solani*）的海藻糖酶活性有强烈的抑制作用，阻止其从菌丝基部向顶端输送养分（葡萄糖），从而抑制菌丝体的生长和发育。

⑤抑制核酸合成。

抗生素抑制RNA合成的作用可分为两类。一类是抗生素与DNA形成复合体，阻止依赖DNA的RNA聚合酶在链上的移动，因而阻断RNA的合成。如放线菌素D，它与双链DNA形成了DNA-放线菌素复合体，从而抑制转录反应的进行。另一类是抗生素作用于依赖DNA的RNA聚合酶，从而抑制RNA的合成，它对DNA本身没有作用。灰黄霉素在低浓度下，能引起菌丝螺旋生长。灰黄霉素抑制 ^{14}C-尿嘧啶和胸腺嘧啶掺入核酸，但不影响 ^{14}C-氨基酸掺入蛋白

质，故认为灰黄霉素通过抑制核酸生物合成，从而抑制真菌生长。

⑥提高植物的抗病力。

农抗120能显著提高西瓜幼苗体内的过氧化氢酶活性，而过氧化氢酶活性的高低与西瓜抗枯萎病能力呈正相关，说明农抗120是通过提高植物自身的免疫力起到防病治病作用的。

⑦抑制病菌的某些酶系统。

酶是一种生物催化剂，病原菌有些酶能被抗生素所抑制，使其失去活性。有些金属离子是某些酶类的组成成分或是酶的活性所必需的，土霉素、金霉素、四环素、青霉素等都具有与金属离子结合的能力，从而夺取酶上的金属离子，抑制病原菌相关的酶的活性。

（5）农用抗生素防治植物病毒病机制。

微生物中许多细菌、真菌和放线菌分泌的代谢产物对植物病毒具有抑制活性，目前对于抗植物病毒农用抗生素的研制已取得了很大的进展，报道的农用抗生素抗病毒病机制主要有抑制病毒侵染、抑制病毒的复制和增殖、诱导寄主产生抗性等方式。

①抑制病毒的侵染。

有些微生物代谢产物可以通过与病毒的氨基酸结合达到抑制病毒侵染的效果。比如宁南霉素可与病毒CP蛋白上的氨基酸残基结合，从而阻止TMV的装配达到抗TMV侵染的目的。嘧肽霉素则是通过与TMV的超螺旋酶蛋白（TMV-Hel）的375位组氨酸（His 375）靶向结合从而抑制TMV的扩增和侵染。

②抑制病毒的复制和增殖。

抗病毒活性物质作用于病毒的核酸、复制相关的酶或与蛋白质表达有关的生物过程，达到抑制病毒复制增殖的目的。

③诱导植株抗性。

大多数微生物代谢产物能对植物病毒产生抑制效果，其原因是代谢产物中的物质会诱导寄主产生抗性。比如诱导植物体内与抗性相关的过敏蛋白的表达、提高烟草植株中H_2O_2的含量，产生激活蛋白，诱导植物启动免疫防御系统，产生抗病毒能力。宁南霉素可通过激活寄主防御酶活性，诱导系统抗性的病程相关非表达子基因NPR1的表达上调，抑制病毒蛋白聚合，诱导植物防御信号通路相关的基因上调等而使寄主植物对病毒产生系统性抗性。

（6）在烟草生产上应用的几种农用抗生素。

防治烟草病害，目前国内登记的农用抗生素主要有：宁南霉素、多抗霉素、春雷霉素、中生菌素、井冈霉素、嘧啶核苷类抗生素等。

①宁南霉素 Ningnanmycin。

宁南霉素是从诺尔斯链霉菌的一个变种链霉菌（*Streptomyces noursei* var. *xichangensis*）中提取到的一种高效、低毒、广谱的胞嘧啶核苷肽类抗生素，由中国科学院成都生物研究所发现并研制成功，具有杀菌、抗病毒、调节和促进生长的作用，兼具预防作用和治疗效果，对多种作物病毒病有特效，如烟草、番茄、辣椒、瓜类、水稻、小麦、蔬菜、果树、豆类等作物的病毒病，可以延长病毒潜育期、破坏病毒粒体结构，降低病毒粒体浓度，提高植株抵抗病毒的能力，调节和促进植物生长。同时，它还能防治多种真菌性病害和细菌性病害。

在烟草上登记用于防治病毒病和白粉病。

②多抗霉素 Polyoxin。

多抗霉素，也被称为多氧霉素、多效霉素等，是一种广谱性核苷类抗生素类杀菌剂，是金色链霉菌（*Streptomyces cacaoi* var. *asoensis*）所产生的代谢产物，由中国科学院微生物研究所发现并研制。多抗霉素对多种病害均有良好的防治效果，包括瓜果蔬菜的猝倒病、立枯病、灰霉病、叶霉病、白粉病，苹果斑点落叶病，梨黑斑病以及稻瘟病等。对人、畜、鱼、蜜蜂等生物的安全性都很好，具有较好的内吸传导作用，能够通过植物的茎、叶等部位传导至全株，从而达到更好的防治效果。多抗霉素还含有植物生长所必需的氨基酸、核苷酸等生物营养成分，促进作物生长和增产。

在烟草上登记用于防治赤星病。

③春雷霉素 Kasugamycin。

我国春雷霉素的产生菌是中国科学院微生物研究所从江西泰和县的土壤中分离到的小金色放线菌（*Actinomyces microaureus*）。该药剂对多种细菌和真菌性病害均具有防治效果，尤其对稻瘟病有优异防效和治疗作用，对防治西瓜细菌性角斑病、桃树流胶病、桃树疮痂病、桃树穿孔病等病害也有较好防效。同时，它还可用于防治黄瓜炭疽病、黄瓜细菌性角斑病、番茄叶霉病、番茄灰霉病、甘蓝黑腐病等多种病害。

在烟草上登记用于防治野火病和炭疽病。

④中生菌素 Zhongshengmycin。

中生菌素由中国农业科学院生物防治研究所研制，属糖苷类碱性水溶性物质，其生产菌定名为淡紫灰链霉菌海南变种（*Streptomyces lavendulae* var. *hainanesis*）。该菌的加工剂型是一种杀菌谱较广的保护性杀菌剂，主要防治水稻、苹果、蔬菜、柑橘、生姜等作物上一些真菌性病害，对细菌性病害也有良好的防治效果。

在烟草上登记用于防治野火病和青枯病。

⑤井冈霉素 Validamycin。

井冈霉素是上海市农药研究所从江西井冈山地区的土壤中分离获得的链霉菌（*Streptomyces hygroscupicus* var. *jingganggensis* Yen）所产生，是我国农用抗生素产量最大、用量最多的农用抗生素，也是当前防治由丝核菌引起水稻纹枯病最理想的农用抗生素。井冈霉素具有较强的内吸性，易被菌体细胞吸收并在其内迅速传导，干扰和抑制菌体细胞生长和发育。耐雨水冲刷、持效期长、应用时不受阴雨天气的影响、可维持长时期药效，对人、畜、鱼均无毒性，对水稻安全、无药害，与多种杀虫剂、杀菌剂混合使用不失活性。2006年，我国成功克隆了这个具有重要农业应用和经济价值的抗生素农药的生物合成基因簇，从27个基因中定位了合成井冈霉素所需的8个基因，在异源宿主中实现了井冈霉素及其前体的工程化组装和表达，提出了井冈霉素生物合成机理的新模型。井冈霉素可与除碱以外的多种农药混用，存放于阴凉、干燥的仓库中，并注意防霉、防热、防冻，保质期内粉剂如有吸潮结块现象，溶解后不影响药效。

在烟草上登记用于防治靶斑病。

⑥嘧啶核苷类抗菌素（农抗120，TF-120）。

农抗120的产生菌是吸水刺孢链霉菌北京变种（*Streptomyces hygrospinosis* var. *beijinggensis*），由中国农业科学院在北京的土壤中分离所得。农抗120杀菌谱广，疗效显著，对水稻纹枯病、作物白粉病、西瓜枯萎病等病害防治效果显著，具有预防保护和内吸治疗双重功效，既能在植物表面形成保护膜阻止病原菌侵入，又能通过植物体传导到内部杀灭已感染的病原菌。

在烟草上登记用于防治白粉病。

⑦阿维菌素 Abamectin。

阿维菌素是由日本北里大学和美国Merck公司开发的一类具有杀虫、杀螨、杀线虫活性的十六元大环内酯化合物，由阿维菌素链霉菌（*Streptomyces avermitilis*）发酵产生。20世纪80年代末，在我国由上海市农药研究所从广东揭阳土壤中分离筛选得到7 051菌株，后经鉴定证明该菌株形态学与 *S. avermitilis* 相似，产生的化合物也与 *S. avermectin* 的化学结构相同。阿维菌素常用于防治农作物、蔬菜等的多种害虫和线虫，使用时需注意其对水生生物和蜜蜂高毒，不能与碱性农药混用。

在烟草上登记用于防治根结线虫病。

3. 微生物菌剂的研究与应用

微生物菌剂，是由细菌、真菌、放线菌等一种或两种及以上的活体微生物构成其重要成分的生物农药。近年来，微生物菌剂的使用越来越普遍，微生物菌剂对促进苗木根系生长发育，提升营养利用率、增强植被抗性也有显著作用，开发利用微生物菌剂杀菌、除虫、除草，更是成为微生物菌剂研制的前沿热点。

在烟草病害防治上，多种微生物菌剂已经被开发应用，主要包括芽孢杆菌（*Bacillus* spp.）、木霉菌（*Trichoderma* spp.）、寡雄腐霉（*Pythium oligandrum*）、假单胞菌（*Pseudomonas* spp.）等菌剂。

（1）芽孢杆菌。

芽孢杆菌是一类在国内外普遍使用的生防细菌，能够形成内生孢子，严格需氧或者兼性厌氧的杆状细菌，革兰氏染色反应呈阳性，或只在早期为阳性。具有易存活、人工繁殖便捷、生长快、高耐热、抗逆性强、对人和动植物无公害、环境兼容性高等特点。芽孢杆菌属细菌与其他属相比，最大的特点是菌落的形态、大小和特性都有很大的差异，在细胞壁的结构和组成、营养要求和代谢产物等方面与其他菌属也有很大的差异。由于能够对各种不良条件如高温、强紫外线、化学药品和电磁波辐射具有很强的抗性，因此芽孢杆菌可以应对各种复杂的不良环境。芽孢杆菌在自然界的分布范围非常广泛，很多芽孢杆菌在极其寒冷和温度极高的环境中都被发现过，一般主要分布于土壤和水中。芽孢杆菌可制成不同剂型的生防单制剂，同时，也可与化学农药混配，并保持其活性。目前，在防治病害中广泛研究和使用的芽孢杆菌有多粘类芽孢杆菌（*Paenibacillus polymyxa*）、枯草芽孢杆菌（*Bacillus subtilis*）、贝莱斯芽孢杆菌（*Bacillus velezensis*）、解淀粉芽孢杆菌（*Bacillus amyloliquefaciens*）等。

①多粘类芽孢杆菌。

多粘类芽孢杆菌是一种存在范围广泛且具有稳定理化性质的细菌，细胞体呈长杆状，也是一种常见植物内生菌。多粘类芽孢杆菌可以产生多种抗生物质，如肽类化合物、糖类、蛋白质以及核苷类等物质，具有抑菌作用。2014年，我国自立研发的$10×10^9$ CFU/g多粘类芽孢杆菌可湿性粉剂取得注册，同年，$5×10^9$ CFU/g多粘类芽孢杆菌原药也获得农药正式登记。多粘类芽孢杆菌在农业、医疗、环境保护、食品等领域均有应用并处于进一步商品化开发中，极具经济潜力。在农业生产上，主要登记用于防治作物青枯病、西瓜炭疽病、西瓜枯萎病、黄瓜角斑病、桃树流胶病、芒果细菌性角斑病、马铃薯晚疫病等。

在烟草上登记用于防治青枯病、黑胫病、赤星病。

②枯草芽孢杆菌。

枯草芽孢杆菌可以在需氧或厌氧条件下存活，在环境恶劣、营养物质缺乏时，会进入孢子休眠期，形成具有极强抗逆作用的芽孢。枯草芽孢杆菌具很强的生物活性，在抑菌、生物降解、增强寄主免疫性、抗氧化等方面均具有高效性、特异性，能通过产生脂肽类抗菌物质如伊枯草菌素（Iturin）家族、表面活性素（Surfactin）、丰原素（Fengycin）等破坏病原菌的细胞膜或细胞壁，从而达到抑菌或杀菌的效果；还能产生多种具有拮抗作用的蛋白类物质，如抗菌蛋白、几丁质酶等，以及有机酸等其他具有抗菌作用的物质，这些物质在抑制病原菌生长、促进植物生长等方面均发挥着重要作用。目前，我国登记以枯草芽孢杆菌为主要成分的单剂和混剂商品制剂较多，用于多种作物病害防治，如黄瓜白粉病、黄瓜灰霉病、西瓜细菌性角斑病、辣椒枯萎病、白菜软腐病、大白菜软腐病、小麦赤霉病、水稻纹枯病、水稻白叶枯病、稻瘟病、稻曲病、玉米大斑病、花生白绢病、马铃薯晚疫病、棉花黄萎病、人参灰霉病、姜瘟病、苹果树炭疽病、香蕉枯萎病、草莓灰霉病、柑橘溃疡病等。

在烟草上登记用于防治黑胫病、青枯病、根黑腐病、角斑病、野火病、赤星病、炭疽病、靶斑病。

③贝莱斯芽孢杆菌。

贝莱斯芽孢杆菌是生防芽孢杆菌中的重要代表，其命名经历了长时间的修正与更迭，随着分子生物学技术和组学手段的应用，近年来，芽孢杆菌的分类更加清晰和明朗，许多被重新鉴定为*B. velezensis*。贝莱斯芽孢杆菌（图5-5）菌落为乳白色、圆形、表面光滑、稍凸、质地黏稠，革兰氏染色阳性，不形成内生芽孢，好氧。在自然界中广泛分布，具有抗逆性、生长迅速和易分离等优良生物学特性，还具有易培养、无污染等优点。同时可发酵产生丰富的代谢产物，包括酶、抗菌蛋白、脂肽类抗生素、聚酮类抗生素、植物激素等，具有良好的抗菌活性和抗应激能力，还能分泌多种植物激素和挥发性化合物促进多种作物的生长。在国内登记用于茶树炭疽病、黄瓜白粉病等病害的防治。

在烟草上登记用于防治白粉病、赤星病、黑胫病。

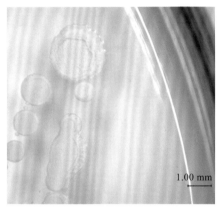

菌落形态　　　　　　　　　　　电镜图

图5-5　贝莱斯芽孢杆菌

④解淀粉芽孢杆菌。

解淀粉芽孢杆菌是一种好氧的革兰氏阳性杆状细菌，其生长速度快、营养需求简单，抗逆性强、抗菌谱广，次生代谢产物对各类病原菌均有不同程度的抑制作用，是目前生防菌研究的主要菌种之一。解淀粉芽孢杆菌主要通过产生与分泌次生代谢产物来促进作物生长或抑制病原菌，目前已分离的具有拮抗效果的产物包括多烯类、脂肽类、氨基酸类、核酸类、聚酮化合物、抗菌蛋白等。同时，芽孢杆菌具有改良土壤的特性，通过分泌铁载体和氨的能力，促进环境中难溶金属离子的溶解。此外，芽孢杆菌具有生物吸附和积累能力，通过共享金属负载来降低重金属对植物的毒害。解淀粉芽孢杆菌代谢产物具有生物安全性好、防治效果稳定、适用病害范围广等优点，对人畜安全，越来越多地应用于食品保鲜、畜牧业饲料以及农业上相关真菌病害的防治。主要用于防治水稻、蔬菜、棉花、甘蔗、烟草等主要经济作物根部、叶部和采后的病害等。

在烟草上登记用于防治青枯病、黑胫病和野火病。

（2）木霉菌。

木霉属真菌属于无性类真菌，由于其适应性强、产孢量大以及生长迅速的特点使其广泛应用于植物病害防治。木霉菌在PDA上培养时，最初菌落颜色为白色或近灰白色，当分生孢子成熟后，菌落自中央开始扩散到培养基边缘，颜色逐渐变为不同深度的绿色菌落。木霉菌菌丝为有隔的分枝状态，厚垣孢子或有或无，分生孢子常常为卵圆形，透亮或绿色，簇生于孢子梗顶端，菌丝的短侧枝为孢子梗，短侧枝呈对称或互生状，在分枝末端形成近乎瓶状的小梗，小梗顶端上生分生孢子团（图5-6）。木霉菌分布广泛，是腐殖质、有机物、植物根系系统中的组成部分。木霉菌可通过竞争作用、重寄生作用、抗生作用、诱导植物抗病性、促进植物生长和协同拮抗等机制防治各种病害，多用于土传病害的防治，主要是土壤处理和种子处理。土壤处理，与堆肥和绿肥等多种肥料混合使用；种子处理，以包衣等方式为主。常用的生防木霉有哈茨木霉（*T. harzianum*）、绿色木霉（*T. viride*）、棘孢木霉（*T. asperellum*）、钩状木霉（*T. hamatum*）、长枝木霉（*T. longibrachiatum*）和康氏木霉（*T. koningii*）等，其中哈茨木霉是木霉菌中应用广泛的一种具有多种价值的真菌。目前，木霉菌已登记用于防治多种作物病害，包括霜霉病、猝倒病、灰霉病、枯萎病等。

在烟草上登记用于防治赤星病、黑胫病、白粉病。

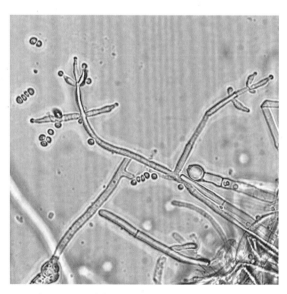

图5-6　哈茨木霉菌菌丝体、分生孢子

（3）寡雄腐霉。

寡雄腐霉属于卵菌腐霉属（*Pythium*），是一种强攻击性重寄生微生物，广泛存在于植物根际与土壤中，能够拮抗或寄生多种病原真菌和其他卵菌。其主要生物防治手段是重寄生作用、竞争营养或空间、诱导植物产生系统抗性。由于寡雄腐霉对许多有益昆虫和哺乳类动物均无明显的毒害作用，并且不对环境造成危害，因此被认为是一种环境友好型的生物防治药剂。寡雄腐霉的代表商品是由Image Trade国际股份有限公司与捷克生物制剂有限公司共同开发出活性微生物广谱杀菌剂"多利维生"，在欧洲及美国、加拿大、巴西等十几个国家均获得正式登记及专利，国内已有商品销售和应用，广泛应用于防治大田、经济作物、果树、蔬菜、园林花卉上的白粉病、灰霉病和疫病等。

在烟草上主要登记用于防治黑胫病。

（4）假单胞菌。

假单胞菌属细菌普遍存在于土壤、水体以及动植物组织内，属于革兰氏阴性菌。在防治植物病害方面应用广泛，机制多样。假单胞菌属包含多个种，其中在植物病害防治中较为常见的有荧光假单胞菌（*P. fluorescens*）、丁香假单胞菌（*P. syringae*）、绿针假单胞菌（*P. chlororaphis*）和铜绿假单胞菌（*P. aeruginosa*）等，这些细菌在农业生物防治中发挥着重要作用。假单胞菌主要生防机制：能够产生多种抗生素和抑菌物质，这些物质对多种植物病原真菌和细菌具有抑制作用；通过营养竞争和位点竞争，在植物根际占据优势地位，从而限制病原菌的生长和繁殖；附着在病原菌的菌丝上，形成直接寄生关系，抑制病原菌的生长；产生植物生长激素，如吲哚乙酸（IAA）等，促进植物的生长和发育；通过降解土壤中的难溶性无机物质和分解有机质，为植物提供养分，改善土壤环境；诱导植物产生系统抗性，提高植物对病原菌的抵抗能力。主要用于防治稻瘟病、黄瓜灰霉病、黄瓜靶斑病、小麦全蚀病、番茄青枯病等。

在烟草上主要登记用于防治青枯病。

（5）其他微生物菌剂。

撕裂蜡孔菌（*Ceriporia lacerata*）和甲基营养型芽孢杆菌登记用于防治烟草黑胫病；厚孢轮枝菌（*Verticillium chlamydosporium*）、坚强芽孢杆菌（*Bacillus firmus*）、苏云金杆菌（*Bacillus thuringiensis*）登记用于防治烟草根结线虫病。

（三）物理防治

物理防治是指利用各种物理因子、人工和器械防治有害生物的方法，是一种环保、安全、有效的植物保护措施。包括温度处理法、光照调整法、隔离保

护法、放射处理法、土壤处理法、种子处理法、覆盖遮阳法等。

1. 温度处理法

温度处理法是指利用温度的变化来控制植物病害的方法。一些植物病害对温度敏感，可以通过调整温度来抑制其生长和繁殖。高温可以杀死植物病原，而低温则可以抑制其生长。

2. 光照调整法

光照调整法是指通过调整光照来控制植物病害的方法。一些植物病原菌对光照敏感，一般来说，长日照和强光会促进植物生长和发育，而短日照和弱光则有利于植物病害的发生。

此外，通过调节播种时间，让植物在生长期间接受充足的光照，也可以预防植物病害的发生。

3. 隔离保护法

隔离保护法是指通过隔离来控制植物病害的方法。一些植物病害可以通过空气、水流等传播，因此需要对植物进行隔离保护。可以通过搭建温室、大棚等来隔离植物与外界环境，从而减少病害的传播。

在温室或大棚中铺设塑料膜也可以有效地减少病害的传播。同时，为了防止人为传播病害，需要在操作前后进行消毒处理。

4. 放射处理法

放射处理法是指利用放射性物质来控制植物病害的方法。放射性物质可以破坏植物病害的细胞结构，从而抑制其生长和繁殖。一般来说，放射处理法主要应用于种子的消毒处理中。

在某些特定情况下，放射处理法也可以用于土壤和植物的消毒处理。

5. 土壤处理法

土壤处理法是指通过处理土壤来控制植物病害的方法。土壤是许多植物病害的传播途径和繁殖场所，因此需要对土壤进行处理。

例如，更换无菌土壤可以预防土传病害的发生。在更换土壤时，需要注意选择无菌、肥沃的土壤，并确保土壤中不含有有害物质。此外，用化学药剂消毒土壤也可以有效地杀死土壤中的病原菌，从而预防土传病害的发生。

6.种子处理法

种子是许多植物病害的传播途径之一，因此需要对种子进行处理。种子处理法包括选择无菌种子、消毒种子等措施。

在选择种子时，需要注意选择健康、无病的种子，用化学药剂消毒种子也可以有效地杀死种子表面的病原菌，从而预防种传病害的发生。

7.覆盖遮阳法

覆盖遮阳法是指通过覆盖遮阳网等来控制植物病害的方法。遮阳网等覆盖物可以减少植物接受的光照和风力等自然因素对植物的侵害，从而降低植物病害的发生率，一般来说，需要根据当地的气候条件和植物的生长习性来选择合适的覆盖物。

例如，在炎热的夏季，用遮阳网覆盖在植物上方可以减少光照强度，从而降低植物病害的发生率。此外，在多雨季节，可以用塑料膜覆盖在植物上方以防雨水的冲刷和病原菌的传播。但需要注意的是，在使用覆盖物时需要保证其清洁卫生，避免使用带有病原菌的覆盖物来加重病情。

（四）生态防治

基于当地生态气候环境，根据病害发生状况与环境之间的关系采用多种防控措施，充分发挥自然因素的调控作用，将不同生物种群组合在一起，丰富物种多样性，形成以农业防治为主，生物防治、物理化学防治为辅的全方位、多角度的病害安全防治体系，从而达到提高烟叶病害防治效率、降低农药用量的目的。

研究表明，将不同种类天敌、高效低毒的生物农药以及高效的预测预报体系等集成整合在一起对烟草害进行立体防控可以提高防控效果。但目前关于烟草病害的立体防治措施的研究较少。

（五）精准施药

据统计，由于滥用农药和施药器械选择、操作不当等原因造成农药利用效率只有30%，剩余农药分布在土壤、空气和水体中，造成环境污染。而精准施药技术可以在减少30%~50%农药用量的情况下使农药利用率提高至80%，减少环境污染。针对不同的病害和烟株不同生育期的特性进行精准施药是烟叶绿色生产的一项重要举措。

精准施药技术是在农药施用过程中，根据作物的需求和病虫害发生的规律，结合农田环境和气象条件等因素，科学合理地选择农药种类、施用时间以及施用剂量等，从而最大限度地提高农药的利用效果，减少农药在农产品上的残留量，保障农产品的质量安全，同时减少对环境和生态系统的影响。

精准施药应根据预测预报结果，明确需要防治的病害种类和发生程度，优先选择高效、低毒、低残留、环境友好型的农药品种，避免使用高毒、高残留农药，注意轮换使用不同作用机理的农药。在病害发生的关键时期施药，如病害出现中心病株等，根据作物种类、生长阶段、病害发生程度以及农药的推荐用量等因素，精确计算施药剂量，采用先进施药技术如无人机飞防、静电喷雾等，确保农药均匀、准确地喷洒在靶标上。

（六）测报预警

加强预警监测系统建设，完善病害测报网络，从育苗开始进行病害调查及监测，并及时发布病虫害信息。

充分利用现有监测设备和技术，严格按照测报规范要求进行监测，将定点观察和大田普查相结合，按烟草生育期发布病虫害动态信息，确定防治关键时期，为绿色防控及时提供病虫害发生和防治信息服务。

（七）绿色防控生产环节措施

1. 播种前

关键技术要点是烟田土壤保育；重点防控对象为青枯病。

（1）烟田选择。实行轮作，推荐水旱轮作；前茬作物不可种植茄科作物、不可与马铃薯间作和套作。

（2）冬耕晒垡，冬前清除作物残体和病残体，适时冬翻，增加耕层土壤厚度。深度25 cm以上为宜，减少病原基数。但深耕应逐年进行，不能一次性过度深耕，以免破坏耕层土壤结构。

（3）增施有机肥，提高土壤抗病性。有机肥可根据不同种类和实际情况选择一种或多种来进行增施。

饼肥或农家肥，每亩增施腐熟发酵饼肥15～50 kg。以芝麻饼、菜籽饼、玉米饼等氮量居中的饼肥比较好，最好能够经过微生物初步发酵。绿肥栽种时间越早越好，每亩栽种量1 kg，开花前翻压，腐烂时间15 d左右为宜。

（4）在发酵饼肥中添加微量元素，促进养分平衡。

土壤中微量元素与病害的发生具有密不可分的联系，如铜离子的活性与黑胫病相关、缺硼与野火病发生关系密切、钼素和青枯病的发生关系密切。

我国植烟土壤80%以上都缺钼素和硼素，中低水平的有效钼、交换性钙与青枯病发生密切相关，所以根茎类病害发生重的区域，饼肥中可添加钼素、铜素和硼素。青枯病发病重的区域每亩补充钼酸铵100 g，黑胫病发生重的区域每亩补充硫酸铜或者松脂酸铜等200 g。

（5）施用生石灰调酸、补钙、控病。

长期施用化学肥料，土壤pH值降低，pH值大于6的不需要用石灰调酸，而pH值5.5以下的地区必须采用新鲜块状生石灰调酸，pH值低于4.5的禁止种烟。

将生石灰粉碎至通过100目筛，于起垄前将其与有机肥分别撒施于田块，和土壤混合均匀。pH值低于5.0时施用量200 kg/亩；pH值高于5.0时130 kg/亩；pH值高于5.5时可施用65 kg/亩。

注意事项：烟田土壤酸碱度调节时，可能会因施用生石灰而产生营养元素拮抗作用。

2. 育苗期

重点防控对象为病毒病，关键措施为无毒苗生产。

（1）设施消毒。育苗前，使用无残留消毒剂，对所有育苗设施进行消毒，并设置消毒池。可选用的无残留消毒剂有次氯酸、二氧化氯和辛菌胺。也可以使用烟雾机对育苗大棚及育苗浮盘等育苗物资进行封闭消毒。

（2）育苗基质拌菌。采用组合多功能微生物菌剂在育苗基质装盘前进行基质拌菌。在烟苗的育苗基质中拌多功能复合菌剂，混合均匀后装盘播种。

（3）虫媒阻隔。育苗棚全程设置防虫网，要求达到40目以上，防控烟草番茄斑萎病毒（TSWV）的虫传媒介时，要求达到60目。

（4）过程消毒。苗床操作之前，提前1 d喷施抗病毒剂，可选用的抗病毒剂有宁南霉素、混脂·硫酸铜等。剪叶应实现消毒一体化，在剪叶过程中，剪叶器械的刀口上时刻保持抗病毒剂或消毒剂的存在，可选择的消毒剂有二氧化氯、辛菌胺。

（5）病毒快检。移栽前，用TMV、CMV、PVY等病毒快速检测试纸条

等进行检测，烟苗带毒率必须控制在0.5%以内，超过0.5%不能移栽。

3. 移栽期

重点防控对象为病毒病、根茎类病害（青枯病、黑胫病）。

（1）选择高质量的无病苗。

（2）带药移栽。移栽前，喷施抗病毒免疫诱抗剂1次。可选用的抗病毒剂有宁南霉素、香菇多糖和氨基寡糖素等。

（3）根际微生态调控。每亩施用腐熟发酵饼肥15～50 kg。青枯病发病区域，采用荧光假单孢杆菌或多粘类芽孢杆菌等进行有机肥拌菌或者移栽时穴施；黑胫病发病区域，采用枯草芽孢杆菌、哈茨木霉等生物菌剂有机肥拌菌或者在发病初期喷淋茎基部，或者移栽时穴施。

（4）控制流水传病。严格按照高起垄、深挖沟模式操作，山地植烟区垄高25 cm以上，平原丘陵植烟区35 cm以上，排水沟深度不低于50 cm。山地植烟田需打围沟，严禁流水串灌。

4. 大田期

重点防控对象为蚜虫、病毒病、根部病害（青枯病、黑胫病）、叶部病害（赤星病、靶斑病、角斑病、野火病）。

（1）合理排灌，及时排水，严禁烟田积水受涝、流水串灌。

（2）免疫诱抗剂防治病毒病。移栽后15 d以内喷施1次免疫诱抗剂，可选用的免疫诱抗剂有超敏蛋白、寡糖链蛋白、氨基寡糖素和香菇多糖等。

（3）从病原菌源头控制叶斑类真菌和细菌病害。打顶前15 d，均匀喷施波尔多液预防病害发生。可选用商品药剂波尔多液进行喷雾，或者选用现配的波尔多液。

（4）叶际微生态调控防治叶斑类真菌、细菌病害。烟叶成熟期初现病斑时，可选用多粘类芽孢杆菌或联合使用枯草芽孢杆菌等生物菌剂喷施。

（5）根茎类病害防治参照移栽期微生物菌剂喷淋茎基部。

5. 采收期

收获后，清除烟秆等病残体，并集中处理。

三、绿色防控实践

（一）病毒病害绿色防控

病毒病必须综合防治才能取得成效。坚持"预防为主，综合防治"的植保工作方针，以监测预警为先导，结合农业措施、物理办法、生物防治、生态控制和化学防治等多种举措进行病毒病综合防治（图5-7）。

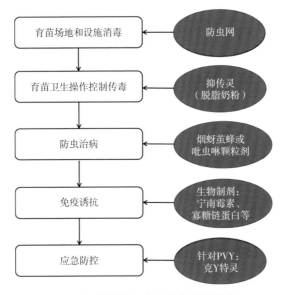

图5-7　雪茄烟病毒病综合防控技术

1. 播种前

（1）烟田选择。前茬严禁种植茄科、十字花科、葫芦科等蔬菜作物。

（2）防虫网设置。育苗棚的门窗以及通风处设置40目以上尼龙网防虫。

（3）缓冲间设置。在育苗棚进出口设置缓冲间，并在缓冲间内外门均安装自动关闭装置。

（4）棚外消毒区设置。育苗棚外设洗手池，备肥皂，要求进行操作前必须洗手消毒，并设置提示牌。

（5）消毒池设置。育苗棚门前设消毒池，以便进入苗床前对鞋子消毒。消毒池规格200 cm × 250 cm。

（6）育苗盘消毒。所有育苗盘在育苗前必须消毒。可用消毒剂有20%辛菌胺水剂1 000倍液、高锰酸钾8 000倍液、2%次氯酸溶液、0.5%硫酸铜水溶液、二氧化氯400倍液，选择一种消毒剂现配现用。育苗盘要全部浸入消毒液中，浸泡12 h以上，然后用清水冲洗干净，育苗盘清洗后，可用塑料布覆盖，提高消毒效果。

（7）育苗场地消毒。铲除苗棚四周的杂草，及时清理排水沟并进行消毒。育苗池应先用生石灰等进行处理后再铺垫黑膜。育苗前，用20%辛菌胺水剂1 000倍液对育苗场地、棚体、防虫网、遮阳网及四周地块进行全面喷雾消毒。如需对土壤消毒，可用消毒剂浇灌消毒。苗棚喷药后应关闭5～7 d，然后通风3～5 d。

2. 育苗期

（1）严禁吸烟。整个育苗期间和田间管理期间禁止吸烟，在工作场所、烟田周围等设置禁止吸烟标志牌，要求标志醒目。

（2）严格带药操作。育苗过程中，剪叶前、移栽前或进行其他操作之前，提前1 d喷施抑传灵（脱脂牛奶），或其他抗病毒剂有8%宁南霉素水剂1 000～1 200倍液、5.6%嘧肽·吗啉胍水剂600～800倍液等。剪叶过程中，保证剪叶器具的刀片能实时消毒，实现带药剪叶一体化，剪叶时间为下午，消毒药剂可选用20%辛菌胺水剂1 000倍液或高锰酸钾8 000倍液。

3. 移栽前

（1）病毒快检。移栽出棚前，进行病毒快速检测，按照千分之一取样，随机选择烟苗进行检测，出棚烟苗带毒率须控制在0.5%以内，超过0.5%不能移栽到大田。合格苗床也要特别注意剔除花叶病病株，有花叶病病株时宜连带其周围7～8株烟苗一并拔除销毁。

（2）带药移栽。出棚移栽前，喷施生物类抗病毒剂1次，可选用抑传灵、8%宁南霉素水剂1 000～1 200倍液、5.6%嘧肽·吗啉胍水剂600～800倍液等药剂。

（3）移栽时，穴施吡虫啉颗粒剂防治蚜虫。不释放烟蚜茧蜂的地块可使用此药。亩用药0.6～1 kg，可事先按1∶5比例将药剂与细土混匀，再将药土均匀施入穴中，移栽烟苗。

（4）剩苗处理。剩余烟苗或废弃烟苗，及时清除，并集中处理。

4. 大田期

（1）尽量减少农事操作，揭膜培土、中耕、底脚叶清理等实行归一化处理，即将所有操作合并为一次操作，并在操作前喷施抗病毒剂，如33%抑传灵可湿性粉剂100倍液、8%宁南霉素水剂1 000倍液、5.6%嘧肽·吗啉胍水剂600倍液等、24%混脂·硫酸铜水乳剂800倍液、6%烯·羟·硫酸铜可湿性粉剂400倍液等。

（2）移栽后15 d以内应用免疫诱抗剂，如3%超敏蛋白微粒剂2 000～4 000倍液、6%寡糖·链蛋白可湿性粉剂800倍液、2%氨基寡糖素水剂1 000～1 200倍液、0.5%香菇多糖水剂300～500倍液、8%宁南霉素水剂1 000倍液等叶面喷施。

（3）根据蚜虫虫口数量，释放烟蚜茧蜂防治蚜虫，消除病毒传播媒介（注意：使用吡虫啉颗粒剂的烟田不能释放烟蚜茧蜂）。

（4）合理浇灌。浇水宜在早上或傍晚进行，严禁中午浇水，严禁大水漫灌，有条件的应尽量采用滴灌方式。

（5）病残体及时清除。田间操作注意卫生；打顶时，先健株后病株；对早发病烟株要及时拔除，带出烟田销毁，以消灭再侵染源；烟花、烟杈、底脚叶等要及时带出烟田外销毁。

5. 采收后

收获后，清除烟秆等病残体，并集中处理。

（二）叶斑类病害绿色防控

烟草叶斑类病害种类繁多，突发性强，以往生产中对化学农药的依赖性偏高，减少化学农药使用量、降低化学农药残留、提高防控效率等问题亟待解决。

农业措施是经济有效的防控措施，轮作、彻底清理并销毁烟田及其四周上年散落的烟根、烟秆等残体，做到有效的源头控制；增施有机肥、适当补充微量元素；及时中耕除草，及时去除底脚废叶，保证田间通透光，创造有利于烟株生长而不利于病菌侵染的生态环境，达到绿色防控的目的。

生防菌剂以其高效、低毒、对人类和自然环境安全等优点，可在叶片上构建烟叶-微生态环境-菌群平衡体系，是烟草持续绿色防控的优选技术。基

于烟草叶斑类病害病原菌源头控制技术、生防菌剂和生物杀菌剂预防和治疗技术，形成了烟草叶斑类病害绿色防控的"全程生物防治技术体系"和"波尔多液与生物杀菌剂联控技术体系"，以及相关应急防控措施。

1.全程生物防治技术体系

苗床期至大田期应用新型生防菌剂对烟株叶片进行3～4次喷施，可有效抑制叶片上病原真菌和细菌的生长，对赤星病、野火病等叶部病害防效显著。

技术原理：生防菌剂喷施在叶片上后，有益菌株生长、繁殖并定殖于叶片表面和进入叶片内部，形成良好的叶际微生态环境，在叶片上形成保护性生物膜，阻抑病菌生长、利于有益菌生长繁殖，也可产生一些诱抗物质，提高植株的抗病能力。有益菌株主要从植物叶片背面气孔进入，因此，喷施生防菌剂时应兼顾到叶片背面。

技术关键：适宜的环境因素（温度、湿度）有利于生防菌的繁育和定殖，干旱条件不利于生防菌发挥作用，因此该项技术的应用要注意田间的温度和湿度等气象条件。

主要产品：登记防治烟草赤星病的生防菌，如105亿CFU/g多黏菌·枯草菌可湿性粉剂、10亿CFU/g枯草芽孢杆菌可湿性粉剂、2 000亿CFU/g枯草芽孢杆菌可湿性粉剂；登记防治烟草野火病的生防菌，如100亿CFU/g枯草芽孢杆菌。

2.波尔多液与生物杀菌剂联控技术体系

在烟草旺长期以后，依据当地预测预报，在叶片上喷施8%波尔多液可湿性粉剂，能有效抑制多种病原菌，降低各种病原菌的菌源基数，做到早期预防（图5-8）。

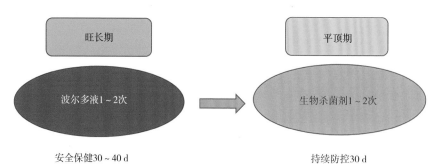

图5-8　波尔多液与生物杀菌剂联控技术体系

当烟叶初现病斑时，再进行喷施生物杀菌剂。如果发生赤星病、靶斑病等叶部真菌病害，可针对性叶面喷施1~2次10%多抗霉素可湿性粉剂800~1 000倍液或8%井冈霉素600~800倍液进行防控；如发生野火病、角斑病，依据气候预测预报，叶面喷施5%中生菌素可湿性粉剂800~1 000倍液或4%春雷霉素可湿性粉剂600~800倍液进行防控，每次施药的间隔期为7~10 d。

3. 雪茄烟叶斑类病害应急防控措施

在雪茄烟生产过程中，突遇不利气候环境条件等不良因素影响的情况下，不能控制叶斑类病害危害时，采取应急措施可以最大程度降低病害带来的影响，主要叶部病害防控应急预案如下。

烟草赤星病：选用10%多抗霉素可湿性粉剂800~1 000倍液叶片喷施，或40%菌核净可湿性粉剂400~500倍液，或10%春雷·咪锰可湿性粉剂7.5 g/亩。视天气和病情可以再次施药1~2次，每次间隔7~10 d，喷施叶片正反面，同片区需要联防。

烟草野火病、角斑病：选用4%春雷霉素可湿性粉剂800倍液，或57.6%氢氧化铜水分散粒剂1 000~1 400倍液，或5%中生菌素可湿性粉剂500~700倍液，或50%氯溴异氰尿酸可溶粉剂30~40 g/亩叶片喷施，视天气和病情可以再次施药1~2次，每次间隔7~10 d，喷施叶片正反面，同片区需要联防。

烟草灰霉病：选用50%异菌脲可湿性粉剂800~1 000倍液叶片喷施。视天气和病情可以再次施药1~2次，每次间隔7~10 d，喷施叶片正反面，同片区需要联防。

烟草靶斑病：选用8%井冈霉素可溶液剂600~800倍液叶片喷施，视天气和病情可以再次施药1~2次，每次间隔7~10 d，喷施叶片正反面，同片区需要联防。

烟草白粉病：选用嘧啶核苷类抗生素、腈菌唑、氟菌唑或醚菌酯等叶片喷施，视天气和病情可以再次施药1~2次，每次间隔7~10 d，喷施叶片正反面，同片区需要联防。

（三）根茎类病害绿色防控

雪茄烟根茎类病害主要有青枯病、黑胫病，其绿色综合防控的策略是以根际微生态调控为核心，构建土壤酸碱平衡、营养平衡、微生态平衡、品种抗性

平衡的"四个平衡"（图5-9）。

通过早期监测预警、种植抗病品种、培育无病健康烟苗、加强栽培管理的预防措施，形成病原鉴定清晰、传播途径阻断有力、微生态平衡稳定、生物屏障强大有效的防控体系。重点推进土壤调酸、育苗基质拌菌、有机肥拌菌、微量元素增施和必要的抗性诱导等技术措施的有效实施，将病害控制在引起明显经济损失的水平以下（图5-10）。

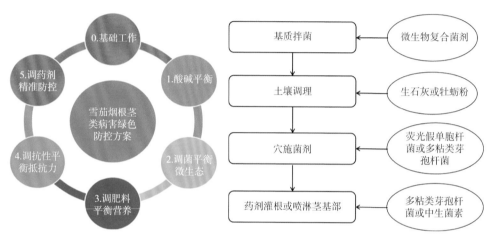

图5-9 雪茄烟根茎类病害绿色防控 技术流程

图5-10 基质拌菌、土壤调理防治青枯病绿色 防控技术

1. 利用抗、耐病品种

利用抗、耐病品种是最有效的烟草根茎类病害预防措施。但是，在不同地区病原菌的优势小种或交配型可能不同，所以必须选择使用针对当地优势小种的抗病品种，而且还要避免长期单一使用某一品种，在同一地区3～5年要轮换品种，并做好品种布局，以防诱发新小种的产生而导致病害暴发流行。

2. 繁育和使用无病健康烟苗

使用从发病田块烟草收获的不带菌种子用作育苗；在播种前用药剂拌种或包衣；用不带菌或经过消毒处理的土壤作苗床土，积极推进温室大棚漂浮育苗；做好苗圃管理，繁育出生长旺盛、健康无病的烟苗，供大田移栽。

3. 加强栽培管理

实行轮作，种植烟草2～3年后换种禾本科作物或其他非寄主作物一年；

或与非寄主作物间作或套作；合理密植和宽窄行种植，保证田间植物冠层通透性；做好开沟排水，如高起垄、排水畅、小培土等全面营造增加根际有益微生物的环境。注意田间卫生，及时揭膜上厢。生长期进行田间调查，做好监测预警，早期拔除病株，带出田间销毁；拔除后及时用石灰水消毒避免病菌扩散等。对于已经全田发病的地块，要及早采收，尽快清理地块，避免病株留地、杂草丛生、病菌增殖，为翌年的防控减少压力；合理施肥，减少使用氮肥，增施磷钾肥，避免烟苗徒长；适时抹芽和打顶；对农具（特别是病田使用过的农具）进行消毒处理。所有这些农艺措施，都可以促进烟草的健康生长，同时有效地预防根茎类病害侵染。

4. 拮抗菌剂的使用

枯草芽孢杆菌、寡雄腐霉菌、哈茨木霉等对烟草黑胫病菌都有一定的拮抗作用。基质拌菌，一般按每育1亩地烟苗的基质中混匀100 g的菌粉，然后播种烟苗；也可在移栽前穴施菌剂，每亩1 kg菌剂拌细土50 kg，均匀施于穴内，然后移栽烟苗（不同菌剂的用量参照使用说明）。在发病初期，哈茨木霉处理后培土也有一定的防治效果。

5. 药剂的精准防治

在移栽前，对苗床的烟苗用58%甲霜灵·锰锌可湿性粉剂500倍液均匀喷雾；移栽时，烟苗在20%噁霉·稻瘟灵乳油1 500倍液稀释液中蘸根；移栽后1个月内，零星发病时，用80%烯酰吗啉水分散粒剂、50%氟吗·乙铝可湿性粉剂或50%吲唑磺菌胺水分散粒剂喷淋茎秆基部，然后用细土封实，可以达到理想的效果。药剂防治一定要在表现出症状的初期或者常发区移栽后发病前施用。一旦进入发病高峰期或者发病后施药，效果就比较差。药剂防治注意轮换用药，避免抗性产生和农药残留超标。

6. 育苗基质拌菌技术，平衡根际微生态

选用微生物菌剂进行育苗基质拌菌，抢占根际生态位，平衡根际微生态，构建烟株健康微生物屏障，具有促苗、壮苗、齐苗、促根等多方面作用。推荐用法：育苗基质与菌剂混匀，装入育苗盘正常播种育苗即可。各地可根据情况选择多粘类芽孢杆菌、荧光假单胞杆菌等进行基质拌菌。推荐用量：每一亩地用苗量（大约1 000株烟苗）基质菌剂100 g。如因为量少不好混匀，可先用500 g育苗基质与100 g菌剂混匀后，再与剩余基质均匀混合。注意事项：要保

障菌剂组合和育苗基质混合均匀；基质的疏松度和通透性良好，保持育苗池的水温和棚温，基质内不能添加对细菌有杀伤作用的药剂。

7. 有机肥拌菌，活化有机肥

大量增施有机肥，有机肥要进行堆沤、活化，每亩不少于100 kg的自制有机肥。采用枯草芽孢杆菌、多粘类芽孢杆菌等与有机肥混用，活化有机肥，促进有益微生物增殖，提升有机肥养分转化和利用率。推荐用法：最后一次翻堆装袋时（务必确保有机肥充分腐熟），将菌剂混匀加到有机肥中并搅拌均匀打包，起垄采用条施，混用后尽快使用。推荐用量：按照菌剂/有机肥=10 kg/t的比例，如果因为量少不好混匀，可先用30~50 kg有机肥与10 kg菌剂混匀后，再与有机肥均匀混合。注意事项：菌剂和有机肥混用要尽量随混随用。

8. 烟株抗性诱导，提升烟草的抵抗力

在团棵期和旺长期，采用水杨酸或2,6-二氯异烟酸（INA）进行叶面喷雾处理，提升烟株抗病性。推荐用法：按照推荐稀释倍数配制抗性诱导物质水溶液，采用喷雾装置均匀喷施到烟叶表面。推荐用量：水杨酸2 500倍液，2,6-二氯异烟酸（INA）按50 mg/L的浓度（即按有效成分稀释20 000倍液），每亩用药液50 kg均匀喷雾，施药1~2次。

9. 叶面微量元素补充，平衡营养

注意补充钙（Ca）和钼（Mo）等微量元素，以叶面喷雾方式效果较好，两者对烟草青枯病的发生均具有一定的推迟、延缓发病作用；旺长期，采用微量元素进行叶面喷雾，可提升烟叶质量，同时对叶部病害也有很好的防控作用。推荐用法：按照推荐稀释倍数配制水溶液，采用喷雾装置均匀喷施到烟叶表面。推荐用量：采用硝酸钙进行叶面补钙，钼酸铵进行叶面补钼，两者的用量为纯品硝酸钙（$CaN_2O_6 \cdot 4H_2O$），每亩用量100 g，稀释500倍进行叶面均匀喷施；纯品钼酸铵[$(NH_4)_6Mo_7O_{24} \cdot 4H_2O$]，每亩用量100 g，稀释500倍进行叶面均匀喷施。

（四）线虫病害绿色防控

1. 选育抗虫抗病品种

在烟草线虫病害发生严重的产区种植的复合抗线虫品种田间农艺性状较

优，能在一定程度上减少经济损失。

2. 农业防治技术

选用抗、耐线虫病的品种。使用合理的轮作倒茬、间作套种。实行与水生蔬菜或与大葱、大蒜、韭菜等抗根结线虫的农作物进行轮作倒茬或间作套种，使线虫基数显著下降。合理选择育苗土和田块。在进行育苗和移栽时，选择无病育苗土，将苗床消毒后再使用或者选用草炭等无病土进行育苗，使用的田块必须是无根结线虫病害发生过的，同时还要防止人为和工具传播。加强田间管理，前茬种植完毕后，及时清理田间残根和烂叶，收集后集中销毁，以免影响下茬蔬菜的生长。同时，在苗期要按时清理杂草并合理施肥，植株健康生长是植物抵抗线虫病害的基本方法。

3. 物理防治技术

高温闷棚：根结线虫通常生活在根部和离地面10～30 cm的土壤里，且高温可杀死线虫。将温室或大棚密闭后会形成高温，或对土壤表土层加热（60℃高温处理）以达到杀灭病原菌的目的。高温闷棚可杀灭10～20 cm深的土壤表土中的幼虫和卵，此方法防治效果可以达60%以上。

水淹处理：水淹的防治措施可以快速减少土壤中的含氧量，根结线虫由于得不到充足的氧气，窒息而亡。

使用石灰氮：采取秸秆+石灰氮的方式对根结线虫病的防治效果可达60%。

4. 药剂防控

目前，较好的施药方法是移栽时穴施药土法，每亩可施用25亿CFU/g厚孢轮枝菌175～250 g、3%阿维菌素微胶囊剂1 kg、10%噻唑膦颗粒剂1.5 kg等，移栽时拌适量细干土穴施。若起垄时沟施，选用上述药剂则应适当增加用药量。

参考文献

蔡训辉，王如意，范彦君，等，2018.烟草野火病菌的基因组学分析及其致病性分化研究进展[J].中国烟草学报，24（6）：119-125.

陈焘，周玮，李宏光，等，2018.烟草野火病的发生及综合防治研究进展[J].基因组学与应用生物学，37（1）：469-476.

崔江宽，任豪豪，孟颢光，等，2021.我国烟草根结线虫病发生与防治研究进展[J].植物病理学报，51（5）：663-682.

丁伟，2020.烟草青枯病与黑胫病绿色防控关键技术[J].植物医生，33（1）：21-26.

樊俊，向必坤，谭军，等，2022.雪茄烟田微生物群落和土壤理化性状与青枯病发生的关系[J].中国烟草科学，43（5）：94-100.

龚明霞，王萌，赵虎，等，2020.辣椒脉斑驳病毒病研究进展[J].园艺学报，47（9）：1741-1751.

郭璇，闫杏杏，蒋彩虹，等，2017.雪茄烟Beinhart1000-1对黑胫病0号生理小种的抗性遗传分析[J].中国烟草科学，38（2）：56-62.

何亚文，李广悦，谭红，等，2022.我国生防微生物代谢产物研发应用进展与展望[J].中国生物防治学报，38（3）：537-548.

蒋士君，吴元华，2014.烟草病理学[M].2版.北京：中国农业出版社.

孔凡玉，2002.烟草苗期病虫害的综合防治[J].烟草科技（2）：46-48.

黎妍妍，杨涛，贾欣欣，等，2018.湖北省烟草赤星病菌生物学特性研究[J].湖北农业科学，57（22）：27-31.

李嘉伦，2019.泸州地区烟草病毒种类鉴定及防控技术研究[D].沈阳：沈阳农业大学.

刘刚，刘圣高，文光红，等，2014.马里兰烟空茎病防治技术研究[J].河南农业科学，43（8）：86-90.

刘鹤，单宇航，邱睿，等，2023. 基于非靶向代谢组学的烟草镰刀菌根腐病和黑胫病拮抗链霉菌及其代谢产物的鉴定[J]. 中国生物防治学报，39（4）：875-884.

刘鹤，2023. 烟草花叶病毒生防菌及其代谢产物抗病毒作用机制研究[D]. 沈阳农业大学.

陆庆光.50年来中国生物防治回顾[J]. 世界农业，1999（9）：19-21.

卢燕回，谭海文，袁高庆，等，2012. 烟草灰霉病病原鉴定及其生物学特性[J]. 中国烟草学报，18（3）：61-66.

马桂妹，谭涛，杨东，等，2023. 云南江城雪茄烟根结线虫病的病原鉴定及生物源氨气熏蒸的防治效果研究[J]. 云南大学学报（自然科学版），45（1）：211-217.

王凤龙，周义和，任广伟，等，2019. 中国烟草病害图鉴[M]. 北京：中国农业出版社.

王妍，齐琳，杨洋，等，2023. 烟草赤星病拮抗菌的鉴定、定殖和防治效果研究[J]. 中国植保导刊，43（2）：17-22，30.

吴安忠，程崖芝，巫升鑫，等，2018. 烟草镰刀菌根腐病的病原鉴定[J]. 中国烟草学报，24（2）：135-140.

吴元华，王左斌，刘志恒，等，2006. 我国烟草新病害：靶斑病[J]. 中国烟草学报，6：22，51.

夏长剑，李方友，李萌，等，2020. 海南雪茄烟病虫害种类调查及发生动态初报[J]. 中国植保导刊，40（11）：35-39，51.

邢荷荷，梁晨，于静，等，2015. 烟草白粉病菌的生物学特性研究[J]. 中国烟草学报，21（2）：85-89.

徐传涛，张崇，张明金，等，2021. 四川省烟草靶斑病病原鉴定及生物防治研究[J]. 湖北农业科学，60（8）：87-90.

战徊旭，王静，王凤龙，等，2014. 四川省烟草白绢病病原菌的分离鉴定及其生物学特性[J]. 烟草科技（1）：85-88.

郑雪芳，陈燕萍，肖荣凤，等，2022. 福建青枯雷尔氏菌的遗传多样性及其生防放线菌的筛选[J]. 中国生物防治学报，38：1269-1279.

朱贤朝，王彦亭，王智发，等，2001. 中国烟草病害[M]. 北京：中国农业出版社.

左梅，向必坤，沈始权，等，2023. 不同调酸处理对土壤细菌群落结构及雪茄烟株青枯病发生的影响[J]. 烟草科技，56（7）：25-31.

BAKER K F，1987. Evolving concepts of biological control of plant pathogens[J]. Annual Review of phytopathology，25：67-85.

GALLUP C A，SHEW H D，2010. Occurrence of race 3 of *Phytophthora nicotianae* in North Carolina，the causal agent of black shank of tobacco[J]. Plant Disease，94（5）：557-562.

GUO Y，DONG Y，XU Q，*et al.*，2020. Novel combined biological antiviral agents Cytosinpeptidemycin and Chitosan oligosaccharide induced host resistance and changed movement protein subcellular localization of tobacco mosaic virus[J]. Pesticide Biochemistry and Physiology，164：40-46.

IFTIKHAR Y，JACKSON R，NEUMAN B W，2015. Detection of tobacco mosaic tobamovirus in cigarettes through RT-PCR[J]. Pakistan Journal of Agricultural Sciences，52（3）：667-670.

JIANG M，XU X，SONG J，*et al.*，2021. *Streptomyces botrytidirepellens* sp. nov.，a novel actinomycete with antifungal activity against *Botrytis cinerea*[J]. International Journal of Systematic and Evolutionary Microbiology，71（9）：005004.

JIAO Y，XU C，LI J，*et al.*，2020. Characterization and a RT-RPA assay for rapid detection of Chilli Veinal mottle virus（ChiVMV）in tobacco[J]. Virology Journal，17：33.

LAMONDIA J A，VOSSBRINCK C R，2012. First report of target spot of broadleaf tobacco caused by *Rhizoctonia solani*（AG-3）in Connecticut[J]. Plant Disease，96（9）：1378.

LAMONDIA J A，2001. Outbreak of brown spot of tobacco caused by *Alternaria alternata* in Connecticut and Massachusetts[J]. Plant disease，85（2）：230.

LAMONDIA J A，2013. Registration of 'B2' connecticut broadleaf cigar-wrapper tobacco resistant to Fusarium wilt，Tobacco Mosaic Virus，Cyst Nematodes，and Blue Mold [J]. Journal of Plant Registrations，7（1）：58-62.

LI X，AN M，XU C，*et al.*，2022. Integrative transcriptome analysis revealed the pathogenic molecular basis of *Rhizoctonia solani* AG-3 TB at three progressive stages of infection[J]. Frontiers in Microbiology，13：1001327.

LIU H，AN M，SI H，*et al*.，2022. Identification of cyclic dipeptides and a new compound［6-（5-Hydroxy-6-methylheptyl）-5, 6-dihydro-2H-pyran-2-one］produced by *Streptomyces fungicidicus* against *Alternaria solani*[J]. Molecules，27（17）：5649.

LIU H，CHEN J，XIA Z，*et al*.，2020. Effects of ε-poly-l-lysine on vegetative growth，pathogenicity and gene expression of *Alternaria alternata* infecting *Nicotiana tabacum*[J]. Pesticide Biochemistry and Physiology，163：147−153.

LIU H，JIANG J，AN M，*et al*.，2022. *Bacillus velezensis* SYL-3 suppresses *Alternaria alternata* and tobacco mosaic virus infecting *Nicotiana tabacum* by regulating the phyllosphere microbial community[J]. Frontiers in Microbiology，7：840318.

LIU H，ZHAO X，YU M，*et al*.，2021. Transcriptomic and functional analyses indicate novel anti-viral mode of actions on tobacco mosaic virus of a microbial natural product ε-Poly-L-lysine[J]. Journal of Agricultural and Food Chemistry，69（7）：2076−2086.

WANG D，ZHANG X，CHEN D，*et al*.，2022. First report of *Sida leaf curl virus* and associated betasatellite from tobacco[J]. Plant Disease，106（3）：1078.

WANG D，ZHANG X，YIN Y T，*et al*.，2023. First report of *Ludwigia yellow vein vietnam virus* causing leaf curling on tobacco plants in Hainan province，China[J]. Plant Disease，107（8）：1559.

XIA B，XU C T，XU J K，*et al*.，2019. First report of target leaf spot on flue-cured Tobacco by *Rhizoctonia solani* AG-3 in Sichuan，China[J]. Plant Disease，103（3）：581.

ZHANG Y，GUO X，YAN X，*et al*.，2018. Identification of stably expressed QTL for resistance to black shank disease in tobacco（*Nicotiana tabacum* L.）line Beinhart 1000-1[J]. The Crop Journal，6（3）：282−290.

ZHAO Q，CHEN X，LIU D Y，*et al*.，2020. First report of *Cercospora nicotianae* causing frog eye spot in cigar tobacco in Hainan，China［J]. Plant Disease，104：3257.

ZHAO Q，GENG M Y，XIA C J，*et al*.，2023. Identification，genetic diversity，and pathogenicity of *Ralstonia pseudosolanacearum* causing cigar tobacco bacterial wilt in China[J]. FEMS Microbiology Ecology，99（3）： fiad018.

ZHOU T，ZHOU S D，CHEN Y，*et al*.，2022. Next-generation sequencing identification and multiplex RT-PCR detection for viruses infecting cigar and flue-cured tobacco[J]. Molecular Biology Reports，49：237-247.